有限/固定时间稳定方法及其在飞行器姿态控制与制导中的应用研究

高计委 著

中国原子能出版社

图书在版编目（CIP）数据

有限/固定时间稳定方法及其在飞行器姿态控制与制导中的应用研究 / 高计委著. -- 北京 : 中国原子能出版社, 2024. 12. -- ISBN 978-7-5221-3963-0

Ⅰ. V249.122

中国国家版本馆 CIP 数据核字第 202427JD64 号

有限/固定时间稳定方法及其在飞行器姿态控制与制导中的应用研究

出版发行 中国原子能出版社（北京市海淀区阜成路 43 号　100048）

责任编辑 陈　喆

责任印制 赵　明

印　　刷 北京天恒嘉业印刷有限公司

经　　销 全国新华书店

开　　本 787 mm×1092 mm　1/16

印　　张 9.75

字　　数 137 千字

版　　次 2024 年 12 月第 1 版　2024 年 12 月第 1 次印刷

书　　号 ISBN 978-7-5221-3963-0　　　**定　价　60.00 元**

网址：**http://www.aep.com.cn**　　　E-mail：**atomep123@126.com**

发行电话：**010-88828678**

高计委，男，汉族，1985 年 5 月 11 日出生，籍贯为河南省项城市。毕业于西安交通大学电子信息工程学院控制科学与工程专业，博士研究生。现就职于河南科技大学，副教授，主要从事滑模与自适应控制、航天器姿态控制等方面的研究。主持或参与国家自然科学基金、航空科学基金、河南省重点研发等项目；先后在 *IEEE Transactions on Industrial Electronics*、*Acta Astronautica*、*Journal of Aerospace Engineering* 等 SCI 期刊上发表论文 10 余篇。

前　言

传统意义上的系统稳定性，是指李雅普诺夫（Lyapunov）渐近稳定性，即系统轨迹在无限时域内的稳态性能。在实际应用中，通常需要关注系统状态在指定的时间区间内的稳定特性。例如，航天器保证姿态在有限时间内收敛到原点或快速调整姿态以便跟踪目标；当高速飞行器拦截来袭的空/天目标时，终端制导时间仅有几秒。因此，近年来随着控制理论的发展，强调系统瞬态特性的有限时间稳定性理论得到广泛关注与研究，并且已经在航空航天等领域中得到应用。在有限时间控制律作用下，系统不但拥有较高的收敛率，还在某种程度上具备抗扰动性。所以，对有限时间稳定方法及其在飞行器姿态控制与制导中的应用研究具有重要的理论价值与实际意义。

本书研究和发展了有限时间稳定及自适应滑模控制算法，并将其应用到飞行器的姿态与制导中，取得了若干成果。本书的主要创新点有以下几个方面。

（1）基于几何齐次理论与自适应滑模方法，提出两种高阶滑模算法。控制律设计分为两步，首先利用几何齐次理论为积分链系统设计标称控制器，保证滑模及其各阶导数有限时间收敛；其次利用自适应积分滑模来抑制扰动，使控制目标得以实现。另外，改进的自适应滑模方法，不但保证系统稳定，还可使开关控制增益降到最小。

（2）针对存在惯量参数不确定、外部扰动的飞行器姿态控制问题，首先利用四元数将姿态运动学与动力学方程转换为类拉格朗日（Lagrange）形式，并且采用几何齐次理论与滑模方法设计自适应有限时间姿态控制方法。

理论分析表明，这两种控制律不但保证系统的鲁棒性，而且不需要在控制算法中事先设置内外干扰的上界。对于姿态跟踪问题，根据终端函数设计了一种固定时间控制算法，该方法能够在确定时间内实现对期望姿态轨迹的跟踪，收敛时间可以根据实际需要预先选择。

（3）基于修正罗德里格参数方法，将运动学与动力学模型转化为状态空间形式，这样有利于控制律的设计。选用有限时间收敛的观测器估计总不确定扰动，基于终端滑模与光滑二阶滑模方法，提出了姿态稳定控制律，该控制方法可以保证系统状态在有限时间内收敛到原点。随后，根据几何齐次性与齐次分离准则，建立了标称控制算法以便飞行器能够调整姿态跟踪期望轨迹。同时，将自适应滑模与饱和函数相结合，不仅抑制扰动，还减轻了滑模抖振。该姿态跟踪控制方法不但保证姿态跟踪误差在有限时间内快速收敛到原点附近，而且拥有较高的控制精度及较强的鲁棒性。

（4）针对平面双方交战模型，分析并且修改了攻击角与视线角之间的关系，然后基于固定时间收敛的非奇异终端滑模设计了带攻击角约束的制导律。其次，以视线角为变量，在没有忽略交叉项的情况下将实际三维模型转换为二阶非线性微分方程，并且在此基础上设计了三维碰撞角约束的制导律。该制导律在目标机动的条件下，保证视线角速率能在固定时间内收敛到原点，并且调节其航迹角与航向角来确保以期望的方位角拦截目标。仿真结果表明，所建立的两种制导算法能够保证飞行器按预期完成交会或拦截任务。

本书选题新颖独到、结构科学合理、数据丰富翔实，可供相关领域的研究工作者和工程技术人员参考鉴阅。

本书写作过程中，参考引用了许多国内外学者的相关研究成果，也得到了许多专家和同行的帮助和支持，在此表示诚挚的感谢。由于作者的专业领域和实验环境所限，加之作者的研究水平有限，本书难以做到全面系统，疏漏和错误实所难免，敬请读者批评指正。

目　录

第1章　绪　论

1.1　研究背景及意义

随着现代科学的不断发展，人类对资源的探索已经从海洋转向太空。相应地，航空航天也成为国家重要的研发领域。对于在大气层或太空飞行的工具研究受到世界主要发达国家的普遍重视。其中，在大气层内飞行的称为航空器，在太空飞行的称为航天器。

在军事领域，高速飞行器最早出现在纳粹时期的德国，并且在第二次世界大战中被用于袭击英国。在此过程中，世界各国意识到这种新式装备对未来战争的作用。因此，美、苏、英、法、瑞士等国在战后不久即着手进行高速飞行器的理论及试验研究。冷战时期，美、苏在航空航天领域展开激烈的竞争，双方在火箭、高速飞行器方面投入巨大，使得高速飞行器彻底摆脱制导精度不高、生存能力差、发射准备时间长等缺点。基于科学技术与用途，高速飞行器也从传统的作战用途单一的攻击性高速飞行器发展为现在的名目繁多、种类齐全的高速飞行器装备库。

现代高速飞行器具有超强的进攻性和威慑力，在当今战争中占据举足轻重的地位，同时也是现代化高科技的结晶。高速飞行器具有不同于一般进攻性装备的突出特点，其威力大、射程远、精度高、突防能力强的显著特点，改变了现代战争的模式——这些已经在美国对中东及北非国家的战争中得到印证。

有矛就有盾。面对高速飞行器的进攻威胁，为了保障本土安全，世界主要大国及强国都在谋求构建自己的高速飞行器防御系统。其中，美、苏的高速飞行器防御系统的研发起步最早[1]。几十年来，根据世界政治、军事格局的变化，美、苏（俄）高速飞行器防御系统的部署也做了许多调整，但系统原理及组成均相似，具有较强的代表性[2]。现在美、俄两国的高速飞行器防御系统既有战略型的，也有战术型的，但以战略型为主；并且随着科学技术的发展，还在不断更新换代。

美国高速飞行器防御系统一直处于世界领先水平，经过六十余年的发展，已经形成分阶段、全面的防御系统。其发展历程大致可以分为 4 个阶段[3]。

（1）第一阶段是从二战结束至 20 世纪 70 年代末。美苏冷战对抗时期，美国采取了“以核抗核”的策略，先后研制了“奈基-宙斯”“奈基-X”“哨兵”“卫兵”轨道高速飞行器防御系统。

（2）第二阶段始于 20 世纪 80 年代初，里根总统宣布“战略防御倡议”（星球大战）计划，以保证其战略核力量的生存能力与可靠的威慑能力，维持其核优势。该计划是以各种技术手段对来袭战略高速飞行器进行多层次拦截，但由于系统庞大及当时技术条件有限，该项目并未完全部署。随着冷战结束，布什政府提出“对付有限打击的全球防御系统”，坚持建立天基部署的全球防御体系的目标。

（3）第三阶段从 20 世纪 90 年代到 21 世纪初，在此期间，克林顿政府放弃不切实际且耗资巨大的“星球大战”计划，但通过了“国家高速飞行器防御系统”的法案。该方案分两部分：“国家高速飞行器防御”和“战区高速飞行器防御”系统，分别用于保卫美国本土与美国海外驻军及盟国。并于 1999 年 10 月，首先进行真正的陆基中段反导（国家高速飞行器防御系统）试验。

（4）第四阶段始于小布什上台后，美国政府将“国家高速飞行器防御”和“战区高速飞行器防御”系统合并为一体化的“高速飞行器防御”系统，并加快研究与部署。2010 年 2 月 1 日，奥巴马政府对原系统加以调整，在助推段、中段、末段防御基础上，新增上升段防御，即新增无人机载探测器、“标准-3” Ⅰ/Ⅱ型地基与海基拦截飞行器等。

目前，虽然美国高速飞行器防御系统还存在较多防御空白，但已经形成战斗力。并且随着先进防御技术的发展，其作战能力也会逐步提升。基于“盾”的日渐牢固，美国推行全球威慑战略，其中核威慑力也得到增强，同时也改变美国对核力量运用的原则与方式，对俄罗斯、中国等大国的国家安全构成极大的威胁。

高速飞行器防御系统主要由三大部分组成[4]：一是监视与跟踪系统；二是拦截装备系统；三是指挥、控制、战斗管理与通信系统（BM/C3）。与其他国家相比，美国的高速飞行器防御系统较为成熟。因此可以美国为例，对轨道高速飞行器防御过程进行描述：一旦敌方轨道高速飞行器发射，天基红外卫星探测器（DSP 预警卫星或 SBIRS 系统）即可根据尾焰对其进行探测，并持续跟踪监视，向 BM/C3 发送相关信息；由 BM/C3 对整个系统进行警报提示，并且引导预警雷达依据搜索范围探测进攻高速飞行器，并着手拟定拦截方案。当进攻性高速飞行器的主动段结束时，BM/C3 根据探测卫星提供的信息对该高速飞行器的轨道进行估计与预报，并将所得结果提供给预警雷达与 X 波段雷达。一旦预警雷达探测到来袭高速飞行器的航迹即对其进行跟踪，并将信息反馈给 BM/C3。BM/C3 根据这些跟踪信息进行更加精确的预报来引导 GBR。GBR 雷达可以在较小空间范围内对目标进行综合处理，并指挥 GBI 发射拦截确定的真正目标，如果失败则进行二次拦截。

根据以上分析可以看出，天基红外预警系统（SBIRS）[5]是对轨道高速飞行器发射进行早期预警的关键，也是保证拦截成功的先决条件。其中高轨道部分从 1996 年开始研制，以便逐渐替换冷战时期部署的 DSP 系统。但其研制过程却相当滞后，预算也严重超支。最近天基高轨道红外预警系统（SBIRS-High）进展顺利，实战化 SBIRS-High 也已经从 2011 年开始部署。

低轨部分在 2001 年由美国空军转交给美国轨道高速飞行器防御局，并改为天基跟踪与监视卫星系统（STSS），美国在 2010 年发射两颗 STSS 验证卫星，并在 2010—2011 年多次对高速飞行器进行了跟踪与交接试验，均取得了成功。近年来，由于预算等原因，美国轨道高速飞行器防御局暂时放弃建设 24 颗或者更多卫星构成的 STSS，但决定推进更加务实的精密跟踪空间系统（PTSS）。

上述天基卫星实现对目标的跟踪与观测任务，除了配备先进的红外探测器件外，还需要有高精度的姿态控制方法。在卫星技术及应用领域，姿态控制一直受到密切的关注和广泛的研究。卫星姿态控制系统是整个复杂系统中的一个关键的子系统，具有结构复杂、外界扰动与模型不确定性等特点。在相同的电子器件下，控制算法设计的好坏直接影响到其性能。另外，随着应用卫星高精度、长寿命、高可靠性的发展趋势，对姿态控制系统的要求也越来越高。

卫星在轨飞行时都要受到空间各种环境力矩和非环境力矩的影响。空间环境力矩对控制系统来说是未知的扰动，其可以分为以下几种：太阳辐射力矩、重力梯度力矩与地磁力矩。另外，执行器的内部摩擦、卫星上活动部件的转动，以及执行机构的安装误差等因素成为卫星姿态控制的内部不确定扰动。对于高精度的目标跟踪和卫星而言，姿态控制器的设计显得尤为重要。同时，有效载荷的运动、太阳帆板的展开及其运动、喷气的消耗等因素都将导致转动惯量的变化，这些也将影响到卫星任务的完成。

在高速飞行器防御系统中，制导拦截技术是关键，它包括精确导引和控制两部分[6]。目标的位置及速度信息通过精确导引系统获得，再由计算机按制导律形成导引指令，然后把导引指令传给控制系统；控制系统对导引系统提供的指令信号进行响应，最终产生高速飞行器飞行的控制力，使高速飞行器根据制导律按照一定规则飞向目标。当前，对于无机动的目标进行拦截已经成熟，可以较好地完成任务。但随着高速飞行器的性能提升，较多进攻性高速飞行器具有机动、变轨等突防能力，所以研究针对机动目标拦截的鲁棒制导律变得极为重要。

1.2 飞行器姿态控制与制导的研究现状

本书主要研究卫星的姿态控制与拦截飞行器的导引律，下面根据研究内容，对国内外研究现状进行概述与总结。

1.2.1 卫星姿态控制的研究现状

卫星等航天器的姿态控制是一个多输入、多输出的复杂系统。

1.2.1.1 姿态控制系统的组成

卫星等航天器在轨飞行时，外界力可以使卫星的轨道产生摄动，扰动力矩阻碍卫星姿态正常变化。所以，对卫星的控制可分为两大类：轨道控制和姿态控制。姿态控制根据力矩的来源又可以分为被动控制和主动控制。其中，被动控制不需要卫星上的能源，也不需要控制线路和姿态敏感器，而是采用太阳辐射力矩、磁力矩、气动力矩、重力梯度力矩等环境力矩来控制卫星的姿态，所以又称其为无源控制。主动控制通过卫星等航天器上的能源来完成，为闭环控制系统。其过程为敏感测量、信号处理和执行过程。姿态主动控制所需器件由敏感器、控制器和执行机构等三部分组成。

姿态控制的前提是要进行姿态参数的确定，而姿态敏感器是获取姿态信息的关键设备，因此它也是卫星等航天器姿态控制的重要组成部分。姿态确定的精度由姿态敏感器与姿态确定算法的精度所决定。姿态敏感器确定卫星等航天器姿态的方法是根据检测某个基准坐标系统与航天器坐标系之间的信息变化。基于不同的基准方位，姿态敏感器可以分为以下几类[7]。

（1）以天体位置为基准：星敏感器、太阳敏感器等。

（2）以地球物理特性为基准：红外地平仪、反照敏感器。

（3）以地球磁场为基准：磁强计。

（4）以地貌为基准：陆标敏感器。

（5）以地心惯性坐标系为基准：陀螺仪、加速度计等。

（6）以无线电信标为基准：射频敏感器，卫星导航接收器等。

不同参考基准的姿态敏感器，发展水平与测量精度也不同。在实际应用中，通常以陀螺仪为基准提供姿态信息，其他敏感器对陀螺漂移进行校正的方法进行姿态确定[8]。

卫星等航天器控制姿态一般使用磁力器、反作用推力器、飞轮等执行机构中的一种或几种，这些装置按产生力矩的原理分为环境场式、质量排出式和动量交换式三种类型。在卫星上安装通电线圈所产生的磁场与环境磁场相互作用形成的力矩为磁力矩，产生力矩较小，并且其大小与航天器结构、运行姿态及轨道高度等有关，所以磁力矩一般用于低轨道卫星。推力器是广泛采用的执行器之一，主要用于大型或高轨道卫星。它不但可以调节卫星姿态，有时还能辅助调节卫星运行轨道。但大多需要消耗燃料，所以不宜长期运行。飞轮是根据“动量矩守恒”原理所设计的执行机构，并且只能用于姿态控制。相比其他执行机构，飞轮具有寿命长、精度高、稳定性好等优点。并且，飞轮只消耗电能，无污染，可提供精确连续的力矩，所以卫星的姿态大多采用飞轮进行三轴或四轴控制。

1.2.1.2　卫星姿态控制方法

非线性卫星姿态控制问题包括姿态稳定与跟踪两方面，国内外学者进行了大量的研究，取得了丰硕的成果。该领域的研究也由单一的姿态控制方法拓展到具有抗执行器饱和与故障鲁棒控制方法。

1. 经典控制方法

在控制领域，PID 控制律是最简洁的一种控制方法，并且在工程领域得到广泛应用，卫星姿态控制也不例外。基于凯莱-罗德里格参数与修正罗德里格参数，Tsiotras[9]提出了线性比例-导数（PD）控制器保证闭环姿态系统稳定。Wen 和 Kreutz-利用 Lyapunov 理论也设计了 PD 控制律[10]，但仅对一类特殊的参考轨迹有较弱的鲁棒性。线性系统理论是古典控制理论的重要组成部分，所以早期的学者对卫星姿态控制时，将其运动学与动力学模型在某个平衡点处进行线性化处理，然后控制器设计。Wertz 采用根轨迹法和频率响应法设计了线性姿态控制方法[11]。这类控制器虽然没有出色的性能，但也能完成控制任务。

2. 鲁棒渐近稳定控制方法

针对实际的姿态控制问题，许多研究人员将非线性控制方法应用其中，主要有基于 Lyapunov 理论的控制、鲁棒 H_2 / H_∞ 及其混合控制、智能控制、滑模变结构控制及自适应控制等。这些设计的鲁棒非线性控制器不但能够抑制惯性不确定及外部扰动，还能提高系统的控制精度。

3. 基于 Lyapunov 理论的控制方法

19 世纪末，俄国数学家和力学家李雅普诺夫（Lyapunov）根据彭加莱（Poincare）研究流体旋转的稳定构型提出了两种运动稳定性问题的方法。第一种方法通过近似描述系统运动的微分方程的解或特解来研究系统稳定性。第二种方法则借助于 Lyapunov 函数或 V 函数，通过对其导数符号的判断来稳定性，避免复杂系统的方程求解，所以成为非线性控制系统稳定性能分析的重要工具。这些成果直到现在还在受到关注，并且对系统的稳定性研究产生了深远的影响。20 世纪 50 年代以来，La Salle 等数学家又基于推广到一般动力学系统的 Lyapunov 理论提出了不变性原理[12]，为解决非线性系统的稳定性和渐近特性提供了更有力的分析方法。

在卫星姿态控制领域，Lyapunov 稳定性方法得到了广泛应用，并且与其他方法结合取得较好的控制效果。Subbarao 和 Akella[13]利用 Lyapunov 稳定方法，分别提出了非线性类 PID 与 PI 稳定控制器，克服原控制器无法抑制扰动的缺点。同样，基于 PID 控制器与 Lyapunov 理论，Li 等针对航天器姿态稳定问题，同时考虑姿态角速度与控制之间的连续不等式约束及姿态角速度与姿态角的终端约束，提出受约束的类 PID 优化控制器[14]，进一步改进了 PID 控制参数的有效优化。Zhang 等[15]研究了基于四元数的卫星等航天器网络的姿态跟踪问题，利用 Lyapunov 方法与图论，提出了一类鲁棒姿态协同控制器，在有未知内外部扰动的条件下，取得较高的跟踪精度。Abdessameud 和 Tayebi 对于姿态跟踪与同步问题，引入辅助系统来避免速度测量，采用 Lyapunov 方法设计的控制器[16]保证所有飞行器姿态渐近同步。国内，张景瑞等[17]针对带有非线性耦合项与环境扰动的卫星姿态问题，基于 Lyapunov 理论设计新的姿态稳定控制器，仿真结果中加入外干扰进行验证，但是理论分析中未对扰动进行分析。

4. 基于滑模变结构的控制方法

自 20 世纪 50 年代以来，变结构控制已经成为一个独立的研究分支，适用于线性与非线性系统、连续与离散系统、确定与不确定系统等[18]。它的控制策略是先根据需要设计一个超曲面，然后利用开关控制将系统的状态趋近并保持在这一曲面上。因此变结构控制又称为滑动模态控制。由于滑模面的设计与系统参数及扰动无关，所以滑模控制系统对参数变化与扰动不敏感，具有优良的鲁棒性，而且物理实现简单。目前，滑模变结构控制在机器人、电机与电力系统、航空航天领域等得到了广泛应用。该方法的缺点是由开关控制所造成的抖振，即状态轨迹在滑模曲面附近进行小幅度、高频率的运动，对系统的控制精度有较大影响，所以抖振的削弱成为滑模控制领域的研究重点。

滑动模态具有理想的鲁棒性，对于卫星姿态控制有较强的吸引力，因此卫星姿态滑模控制的设计不断涌现。Thomas 等[19]将变结构方法应用于多轴航天器重新定向与去翻滚机动，但在理论分析时未对扰动进行分析。Lo 等[20]则考虑外部扰动与惯性不确定等因素，通过设定特殊的滑模初值及利用饱和函数来设计光滑滑模姿态跟踪控制器，但需要事先估计初始值。近年来，滑模与自适应方法结合设计姿态控制器成为研究热点[17-23]。Wu 等[21]对模型不确定、外部扰动、执行器失败与输入饱和的姿态同步问题，设计了两种鲁棒分散滑模控制器。仿真结果表明，该姿态同步与跟踪方法是有效的。Lu 等[22]针对外部分扰动与惯性不确定的姿态跟踪问题，采用观测器、滑模增益自适应、边界层法设计两种控制器。这两种方案均不需要扰动的信息，并且可以保证姿态角速度误差渐近稳定。但是第一种控制器中观测器与滑模结合，控制精度不高；第二种控制器中滑模增益只能增加，不能减小。Yeh[23]对于推力器为执行机构的卫星等航天器，构造了滑模与自适应滑模两种控制器，其中自适应方法用于估计时变的惯性矩阵，但是没有考虑姿态转换矩阵。Zhu 等[24]将一种自适应方法估计扰动上界来设计滑模控制器，并且构造另一种自适应滑模控制器保证在输入饱和下控制目标的实现。但是，两种自适应方法所得控制器参数均不能减小，这样对长时间运行的卫星等航天器是不利的。滑模与自适应方法结合设计姿态的容错控制，也取得较好的效果[25-27]。虽然控制对象或任务略有不同，但这些算法的构造思路相似，均是先设计滑模面，再利用自适应增益来改进开关控制。

5. 鲁棒控制方法

非线性控制一般都要求具有鲁棒性，但这里指的是狭义上的概念——Kharitonov 区间理论，H_∞ 控制理论与结构奇异理论（μ 理论）等。这些算法在系统存在一定的参数摄动下，仍能保持系统稳定性、动态特性和稳态特性不变[28]。近年来，人们对于不确定系统的鲁棒控制研究取得了一系列的成果。其中，H_∞ 控制理论与 μ 分析理论也成为相对活跃的研究领域之一，并且在工程实践中得到了较多的应用。

科研人员已经将这类鲁棒控制应用于姿态控制问题，并且取得了一定成果。Nam 等[29]针对具有框架能力的磁悬浮动量轮作为执行机构的卫星姿态控制问题，将 H_∞ 控制理论处理磁轴承非线性与柔性附件，得到的控制器提高了系统性能。Chen 等[30]利用自适应模糊法与 H_2/H_∞ 理论设计姿态控制器，其由两项组成：一部分是自适应模糊逻辑系统，用于排除不确定；另一部分是混合 H_2/H_∞ 控制算法，用于减轻外在扰动与模糊排除残余的影响。Show 等[31]通过选择常用 Hamilton-Jacobi 函数来利于基于线性矩阵不等式的系统控制方法设计，控制器中线性项保证姿态的稳定与跟踪性能，而非线性项则用于处理系统内在的耦合。最后，该算法的有效性通过中华卫星一号（ROCSAT-1）卫星得到验证。Luo 等[32]采用鲁棒可逆优化控制方法研究有外部扰动的刚体航天器姿态跟踪，设计的算法对扩展的扰动是 H_∞ 最优的。Hu 对于存在外部扰动与惯性不确定的挠性航天器，设计了可减振动的自适应反步姿态控制器[33]，其鲁棒性通过 L_2 增益来评估。Han 等[34]运用非线性 H_∞ 理论解决两反应轮欠驱动小卫星的姿态控制问题，拓展 Tsiotras 等的成果，最后仿真证明提出的控制器可提供抗扰动的高定向精度。Xu 等[35]将 H_∞ 应用于新非接触超静卫星构建的模型，保证其姿态稳定与高精度的指向，仿真研究验证了所提算法的有效性。

6. 自适应控制方法

自适应控制产生于 20 世纪 40 年代，研究对象是被控对象的数学模型不完全确定的系统。该控制方法能够及时修正自己的参数以适应实际模型和扰动的动态特性变化，驱使整个系统达到期望的性能指标。经过几十年的发展，自适应控制已经相对完善，可以不断检测和处理系统当前状态信息，然后进行性能准则优化，产生自适应算法，调整控制器，使系统自动在最优或次最优下运行[36]。目前，自适应控制理论已经在工程技术领域得到广泛应用。

由于卫星姿态模型通常不能精确获知，所以很多研究者将自适应方法应用于卫星等航天器的姿态控制中。早期，如 Egeland 等[37]将自适应与无源性理论结合用于姿态跟踪控制，但考虑模型较为简单。Hong 等[38]应用自适应更新律处理惯性不确定，利用高通滤波器产生伪速度跟踪误差，设计的控制器不需要角速度测量和航天器惯性矩阵。Cheng 等[39]针对惯性不确定与未知扰动的姿态跟踪，引进由鲁棒输出反馈调节理论激发的动态补偿器处理外部扰动，然后改进自适应控制器来稳定所得的增强系统。Liu 等将扩展的非自治反对称结构作为期望的闭环系统，然后基于此结构设计姿态自适应反步控制方案[40]。Lee 等[41]将 L_1 自适应律应用于带柔性附件的在轨卫星俯仰角控制，采用状态预估器产生未知反馈参数的估计，设计的控制器还包含一个低通滤波器来抑制不期望的高频信号。基于扰动观测器，Cong 等[42]设计自适滑模姿态跟踪控制，排除了初始跟踪误差与切换增益的影响。Thakur 等[43]则将自适应控应用于时变惯性矩阵的姿态控制，设计的算法可以保证持续的渐近跟踪性能。Zhang 等[44]研究各种优化姿态同步，构造的自适应控制结构允许参数不确定与同步惩罚项的自适应。Wu 等[45]考虑带有死区非线性未知执行器的姿态跟踪问题，采用自适应方案估计死区参数与类扰动项的上界，闭环系统的稳定性通过 Barbalat 引理进行证明，最后仿真验证所提方法的有效性。从上面的分析中可以看出，自适应方法与其他方法结合，如自适应滑模、自适应鲁棒控制、自适应优化控制等，这些已经在上面进行介绍。另外，自适应方法还较多与智能控制结合进行姿态控制，这部分将在下面进行分析。

7. 智能控制方法

智能控制是人工智能与控制理论及技术相结合的交叉学科，可以看作人工智能、自动控制和运筹学三个主要学科结合的产物。这三种理论基础表明，智能控制是应用人工智能的理论与技术和运筹学和优化方法，并将其同控制理论方法与技术相结合，在未知环境下，仿效人的智能，实现对系统的控制[46]。而其相应的控制系统应具有学习、记忆和大范围的自适应和自组织能力，能够及时适应不断变化的环境，能有效处理各种信息，以减小不确定性，能以安全可靠的方式进行规划、生产和执行控制动作而达到预定的目标和良好的性能指标。

虽然智能控制理论基础还不完善，但仍被看作控制领域的发展方向，并且凭借上述优点，已经在航空航天领域有广泛应用。Zeng 等[47]将熟悉的四元数反馈作为基线控制器，并用三层神经网络加强基线控制器来估计与消除不确定项。神经网络的学习准则是基于新的权重更新律，所以基于自适应神经网络的四元数控制律对于通用的航天器姿态系统可以提供更好的灵活性。Zou 等[48]通过滤波法产生伪速度跟踪误差信号，利用 Chebyshev 基函数神经网络去估计结构与欠驱动不确定，发展新的自适应姿态控制器；Zou 等[49]则同样采用 Chebyshev 神经网络去逼近航天器姿态系统中的未知非线性，选取降阶的非线性观测器估计来自姿态测量的输出导数，面对惯性不确定与外部扰动的情况下，系统依然可以保证最终一致稳定。在惯性矩阵的未知质量力矩，外部干扰，执行器故障与控制输入约束的存在条件下，Zou 和 Kumar 基于模糊逻辑与反演方法提出鲁棒自适应控制器[50]，运用模糊逻辑估计系统的不确定，最后选取 Lyapunov 函数证明闭环系统的稳定。Bae 和 Kim[51]则根据六自由度航天器动力模型，选择基于神经网络的自适应滑模补偿模型误差、外部扰动及其他非线性，最后应用 Lyapunov 理论证明主从方式编队飞行的卫星系统是稳定的。Zeng 和 Wang 通过选用径向基函数（RBF）设计自适应神经网络控制器[52]，使得欠驱动卫星等航天器未知动力可以被神经网络局部逼近。所学知识存储在确定的 RBF 网络中，当控制器执行相似或相同任务时，这些训练的结果可以重新被唤醒及利用来保证系统稳定。

8. **其他控制方法**

除了上面提到的控制算法外，还有其他方法被运用到卫星等航天器姿态控制系统中。最优控制是现代控制理论重要的内容，但求解 Hamilton-

Jacobi-Bellman（HJB）方程不易，在可逆优化中利用 Lyapunov 函数决定反馈控制律，则避免这个缺点。Bharadwaj 等[53]讨论了旋转空间的拓扑与几何特性，根据可逆最优方法设计全局姿态稳定律，并将其与 PD 控制律进行对比。Krstić 和 Tsiotras 则运用可逆最优解决刚体航天器姿态稳定问题[54]，对角速度、姿态角与控制输入的代价函数取得优化的效果，但没有对可逆最优控制律的鲁棒性进行分析。随后，Luo 等[55]将自适应与可逆最优结合，设计鲁棒可逆最优自适应姿态跟踪控制律，考虑惯性不确定与外部扰动，但控制精度不高。预测控制是一类新型的计算机控制算法，利用过程的模型来预测未来响应。其基本原理包括模型预测、滚动优化与反馈校正三个方面。Hegrenæs 等[56]通过解决多参数二次规划来求受约束的线性模型预测控制问题的显式结果，并将其用于卫星的姿态控制中。Mayhew 等[57]则提出基于四元数的混合反馈控制律，打破在三阶正交群渐近稳定上的拓扑障碍，同时可以抵制测量噪声。其次，Gui 等[58]则应用非线性控制理论探讨有三个或多个控制力矩陀螺的动力系统是否小时间局部能控，分析表明，只要控制力矩陀螺不到达确定正定奇异点或半正定奇异点，姿态系统就可以通过时不变分段连续反馈律实现。另外，反演或反步法也被运用于姿态控制律的设计中。

1.2.1.3 鲁棒有限时间控制方法

前面所提到的姿态控制算法虽然也能较好地解决姿态稳定与跟踪问题，但受控系统的状态只能渐近收敛到原点或原点的领域，所以目前有限时间收敛姿态控制成为研究热点。另外，由于控制对象的复杂性与任务指标的提高，多种方法整合控制也成为该领域的发展趋势。

终端滑模在滑模超平面中引入非线性项，使得状态变量能够在有限时间内收敛到零，所以各种终端滑模控制方案得到了广泛应用，航空航天领域更是如此。Jin 等[59]首次选用终端滑模对姿态跟踪进行研究，在系统受到惯性不确定与外部扰动下，可以使跟踪误差在有限时间内收敛到原点。Li 等[60]则采用非奇异终端滑模对其进行研究，避免了文献［59］中由终端滑模所带来的奇异问题。Wu 等[61]将姿态跟踪系统转化成 Lagrange 形式，仍然选择非奇异终端滑模控制，但未考虑姿态转换矩阵。Zou 等[62]则将修改的快速终端滑模与 Chebyshev 神经网络结合设计有限时间姿态跟踪控制，但实时性方面有问题。Lu 等[63]利用修改的快速终端滑模、自适应律与边界层设计控制器，使得跟踪误差能在有限时间内收敛到原点的邻域。同样，Lu 等[64]将相似算法应用于姿态稳定问题。Song 等[65]对姿态系统的内外环的快速终端滑模控制，姿态误差角与其角速度可以有限时间稳定。Huo 等[66]选择非奇异终端滑模设计容错姿态稳定控制律，保证系统状态有限时间收敛。Hu 等[67]采用拓展的快速收敛算法设计观测器，然后据此观测器提供的角速度信息设计饱和有限时间输出反馈姿态稳定算法。Zhou 等[68]将快速终端滑模与自适应方法结合设计姿态跟踪与同步算法，但自适应增益不能减小。相关的姿态控制算法[69-71]，分别被用于姿态同步、执行器故障等容错方面。

如果选择姿态变量或姿态跟踪误差为滑模变量，则高阶滑模算法也具备有限时间收敛特性。Pukdeboon 等[72]将可逆优化与积分滑模、二阶滑模结合设计关于位置与姿态跟踪的鲁棒控制器，但控制器却丧失有限时间收敛属性。Tiwari 等[73]选择基于齐次性的二阶滑模与自适应算法对其进行控制，姿态跟踪误差全局有限时间稳定，但自适应增益不能减小。在中，Pukdeboon 等[74]选用准连续高阶滑模设计姿态跟踪机动；Ma[75]对其补充，但根据控制算法推导可知，该姿态控制器也不拥有有限时间收敛特点。根据几何齐次性理论，Du 和 Li[76]设计了抗饱和的姿态稳定算法，虽该方法可驱使状态有限时间稳定，但其只能抑制高阶扰动。另外，Du 等[77]运用杨不等式与有限时间收敛的 Lyapunov 不等式构造姿态跟踪与同步控制器，该有限时间控制方案虽新颖，但鲁棒性同样不强。Zou[78]采用类似方法构造有限时间控制器并与观测器形成有限时间输出反馈姿态跟踪控制。随后，Hu 等[79]基于快速收敛有限时间方法构建相似控制器，但这些方法[79-81]设计复杂并且参数不宜选择。

1.2.2 高速飞行器拦截制导的研究现状及发展方向

导引规律是指制导系统引导高速飞行器攻击目标时，高速飞行器飞行轨道应该遵循的规律。它的设计不但影响高速飞行器的飞行轨迹，而且影响攻击精度。因此，科研人员对于制导律的研究，在 20 世纪 30 年代就已经开始，并且已经提出多种应对不同情形的导引律。根据不同算法，导引律大致可分为三类：古典导引律、现代导引律与非线性导引律。

1.2.2.1 古典导引律

古典导引律是建立在经典控制理论上的制导律，它的优点是方法简单、概念明确，缺点是鲁棒性差，脱靶量较大。基于不同的构造及特性，古典导引律又可分为位置导引与速度导引。其中，位置导引分为三点法和前置角法，速度导引分为追踪法、平行接近法与比例导引法。比例导引根据制导加速度参考基准的选择不同又分为三类[81]：第一种以自身速度矢量为基准，如纯比例导引（PPN）；第二种以高速飞行器与撞击目标的相对速度为基准，如理想比例导引（IPN）；第三种以攻防两者之间的视线为基准，如真比例导引（TPN）。但随着目标的可能的大机动与拦截任务的复杂化，上述算法已不能满足要求。所以，许多学者对古典制导律进行研究改进，其中比例导引凭借其所需的信息量少、形式简单等而引起广泛关注。

Adler 等[82]首次将纯比例导引拓展到三维情形，但是他根据线性化轨迹方程进行性能分析，适用条件有限。Becker[83]对非机动目标的 PPN 问题进行分析，并得到其闭环形式的解。Guelman[84]采用相平面法进行分析，表明高速飞行器采用 PPN 可以拦截固定加速度的目标。Ha 等[85]根据 Lyapunov 方法，分析被 PPN 制导的拦截飞行器总可以撞击具有时变法向加速度的目标。Song 等[86]通过引入一种类 Lyapunov 函数法分析 PPN 的三维性能，提出一种在最终拦截阶段性能比传统 PPN 更好的制导律。基于类似思想，Oh 等[87]对 PPN 的三维捕获能力进行了分析。对于 TPN，Guelman[88]首先得到固定速度目标移动的 TPN 闭环解，但需要添加较多的发射条件。针对此问题，Yang 等[89-90]提出通用的 TPN，并且采用所提方法使高速飞行器拦截非机动目标。Corchran 等[91]则提出满足一定初始条件的高速飞行器可以根据 TPN 方案拦截机动目标，并对此进行分析。IPN 相比前两种有较好的性能[92]，但需要在纵轴安装加速装置，工程中不易实现，所以应用较少。

1.2.2.2 现代导引律

随着空间科学技术与现代控制理论的发展进步，学者们对导引律的研究也进一步拓展，并且提出了基于现代控制理论的制导律。新的导引律克服了古典导引律难以拦截机动目标及制导精度不高的缺点，可以更好应对复杂的作战环境。

根据线性化模型，Kim 和 Grider 提出两维的最优碰撞角约束制导律[93]。Guelman 以捕获时间与机动能量消耗为最优准则，在平面内提出追逐撞击机动目标的最优制导律[94]，但该方法需要对机动目标的运动有较好的探测或监控能力。Yang 等[95]针对非线性 PPN 形式提出一个递归的最优方案，对于非机动目标而言，研究发现导航增益的最优化时间函数是实值常数。Lee 等[96]则证明用可逆优化理论设计的制导律在碰撞角约束下是最优的，并且得到满足终端约束的制导系数的所有可能解。Cho 等[97]基于零控碰撞三角形的运动关系线性化提出新的碰撞角最优制导律，可使任意速度曲线的高速飞行器拦截机动目标。

微分对策理论是关于双方或多方最优方法的理论，所以其更适合应用于导引律的设计。Leitmann 等[98]研究飞机在空战中的躲避、追击等问题。Oshman 和 Arad 充分利用目标定向的信息，将其作为目标加速度的主要指标，便于对零控脱靶量预测的计算[99]。所设计的基于微分对策的制导律提高了制导精确性，其性能也通过仿真进行了验证。Zhang 等[100]根据混合的博弈理论设计了一个自适应加权微分对策制导律，可以直接用于目标的加速度估计误差较小情况；当估计误差较大时，则应用带自适应惩罚系数的微分对策导引律。Bardhan 和 Ghose[101]通过将状态相关 Riccati 方程法拓展到零和微分对策中，提出带设定的碰撞角约束的制导律，该算法不需要对剩余时间估计。

1.2.2.3 非线性导引律

当拦截高度机动目标时，双方运动学与动力学模型中含有变化的参数及未知扰动，所以本质上这类制导问题可以归为非线性不确定系统的控制问题。因此，将非线性控制算法应用于制导问题也相应成为研究热点。

根据前面的分析可知，鲁棒控制对于抑制扰动有优良的性能，所以其在制导律研究中得到了广泛应用。Yang 等[102]在不需要事先已知目标加速度及初始交战的条件下，设计了 H_∞ 鲁棒制导律，并且用简单操作分析性地解决了 Hamilton-Jacobi 偏微分不等式。Shieh[103]根据饱和执行器提出鲁棒 H_∞ 导引律拦截未知机动目标，并且采用可调节的反馈制导律去排除外部扰动的影响。Liao 等[104]则基于输入状态稳定与鲁棒非线性 H_∞ 观测器设计一种新的三维制导律。该制导律同样不需要事先知晓目标机动性及不确定扰动，并且排除视线角速率观测困难的缺点。智能控制具有定量与定性相结合处理复杂系统的特点，所以近来也被应用于导引律的设计。Lin 等[105]将制导问题转化为跟踪问题，再基于模糊逻辑设计导引律。此外，引入的在线可调因子加速跟踪误差和减小脱靶量，构造的视线补偿器排除了伪视线命令的影响。Lin 等[106]根据模糊逻辑控制器与改进的规则修改器构建一种新的自组织模糊逻辑制导律，最后通过仿真该方法比其他导引律有更好的性能。Lin 等[107]扩展了模糊逻辑方法，并首次将其应用于三维中段与末段制导，得到的鲁棒综合导引律可以拦截机动目标及应对高速飞行器系统与变化环境之间复杂的相互作用。Li 等[108]提出碰撞角约束的制导律攻击非机动目标，并选用自适应神经模糊推理系统更新附加控制指令及减小滑模控制的高频抖振，但该方法仅适用于平面非机动目标的拦截。

滑模方法作为一种特殊的非线性控制，具有快速响应、物理实现简单及对模型不确定和外部干扰不敏感等优点，所以在制导领域也得到普遍应用。另外，通过对高速飞行器制导问题的分析，Shafiei 和 Binazadeh 认为没有必要将所有状态都稳定到原点，并且基于部分稳定理论提出新的鲁棒制导律[109]。此后，他们又采用部分滑模方法设计可在有限时间内拦截高机动目标的制导律[110]。Zhou 等[111]将滑模控制应用于鲁棒寻的制导律的设计，所得线性时变系统的滑模运动不受外部扰动与参数摄动的影响，并且滑模面的到达律采用自适应技巧以便缓解滑模带来的抖动。Ge 等[112]基于变结构设计了三维前置追逐导引律，以便减小导引头探测的扰动影响。该算法虽然具有较好的鲁棒性，但需要双方在同一方向飞行才可进行拦截，所以其应用范围较小。传统滑模面内的状态量是渐近收敛的，但终端滑模、快速终端滑模与高阶滑模算法却可以保证状态变量在有限时间内收敛到零点或其附近。Kumar 等[113]选择终端滑模设计碰撞角约束的制导律，可以全方位攻击各种来袭目标，但该方向仅考虑平面制导情况。Shtessel 等基于齐次性提出一种光滑二阶滑模控制方法[114]，并将其应用于高速飞行器导引律的设计，而后又将该算法进行拓展[115]，但这些方法是依据扰动光滑推导的，所以适用条件有限。Zhang 等[116]选用有限时间收敛的 Lyapunov 函数设计鲁棒制导律，但其实质与 Kumar 等[113]的研究成果类似。采用相似算法，Zhou 和 Sun 设计了三维有限时间制导律[117]，并且 Sun 等[118]考虑了高速飞行器的自动驾驶仪环节。虽然制导律的设计方案及考虑的实际条件略有不同，但这些算法[113,116-118]均是以终端滑模算法为内核而构造的。为克服终端滑模奇异的缺点，非奇异终端滑模被应用于导引律的设计。Kumar 等[119]提出碰撞角约束的非奇异有限时间制导律；Wang 等[120]将自适应与非奇异终端滑模结合设计自适应有限时间制导律，并且不需要知道目标的加速度。但这两种方法仅适用于平面，与实际三维拦截制导还有一定差距。

1.3 存在的问题

1.3.1 姿态控制中存在的问题

根据前面的分析可知，刚体或挠性飞行器各种姿态控制已有大量研究文献。由于欧拉角具有奇异性，所以姿态控制系统通常采用四元数、修正罗德里格参数和方向余弦矩阵等方法描述飞行器的姿态。但角速度却仍然为欧拉角表示，所以二阶多输入多输出姿态系统的状态中一阶变量与二阶变量并不相同，这就为鲁棒高精度控制器的设计带来困难。绝大多数学者则根据实际问题，直接将算法应用于姿态系统。虽然这种策略可以解决具体问题，但其通用性不强。因为算法应用与模型转换相耦合，使问题变得相对复杂。

另外，滑模变结构、鲁棒控制及其他算法构建的姿态控制器仅能保证系统稳定，并没有考虑姿态的响应能力。因此较多的控制器可以实现系统的渐近稳定，但其收敛时间在理论上是趋近于无穷的。这些姿态控制算法不适合应用于有时效性及快速反应要求的军事卫星，因此鲁棒有限时间姿态控制问题成为研究趋势。但现有的有限时间控制器根本无法计算精确的收敛时间或只能获得其上界。

1.3.2 拦截制导中存在的问题

高速飞行器与目标的交战模型是多输入多输出的强耦合系统，但许多学者却把其拆分成两个正交平面系统进行制导律的设计。虽然这种做法利于导引律的构建，但在理论上并不严谨，而且应用范围较小。其次，精确与通用的双方交战模型并未较多出现，考虑过多的约束条件及扰动，不便于模型的数学分析，并且从中也提炼不出有价值的规律；但过于简单的模型，又与实际情况相去甚远。因此，根据经典动力学知识，推导拦截飞行器与进攻目标之间的三维几何模型非常重要。另外，随着不断提高的拦截或攻击要求，较多高速飞行器需要在一定攻击角度约束的条件下撞击机动目标。所以，为了应对上述需求，制导律的设计，不但要有鲁棒性以应对机动目标，而且还要在有限时间内满足攻击角度约束，以便以最佳姿态碰撞目标。

1.4 本书研究内容

本书针对飞行器姿态系统非线性、强耦合、不确定等特点，以卫星等航天器为研究对象，总结前人研究的不足，基于滑模控制方法，提出新的有限时间姿态控制律。同时，对高速飞行器等飞行器的导引律进行研究，在攻防两者模型复杂的情况下对其进行分析，并在此基础上研究新的制导方法。

本书的研究内容及各章节安排如下。

第 1 章　绪论，首先介绍研究的相关背景和意义，对卫星等航天器的姿态控制系统与高速飞行器的导引律设计方法进行概述，分析了当前研究中存在的不足与本书将要解决的问题。

第 2 章　主要讨论航天器姿态系统和高速飞行器制导律的运动学及动力学模型；另外，介绍与分析了常用的坐标系、姿态描述方法及相关算法的理论基础。

第 3 章　运用有限时间稳定理论中的几何齐次特性及分离准则，设计了积分链标称控制算法，并结合改进的自适应滑模方法，提出鲁棒自适应高阶滑模控制算法，最后进行了仿真验证。

第 4 章　研究了基于四元数描述的姿态稳定与跟踪问题。首先，选用四元数对带有惯性不确定与外部扰动的姿态运动学及动力学模型进行描述，并将状态空间概念引入姿态稳定系统中。随后根据所得形式进行控制器设计，利用基于齐次理论的有限时间控制方法驱使标称系统稳定到原点，再根据自适应滑模抑制总的扰动。其次，将姿态跟踪模型转化为类 Lagrange 形式，然后基于终端函数建立了固定时间收敛控制算法，再结合滑模方法建立了一种鲁棒固定时间稳定的姿态跟踪控制方法。最后，进行了大量数值仿真。

第 5 章　研究基于修正罗德里格参数描述的刚体卫星等航天器的姿态控制问题。针对姿态稳定问题，首先，将模型转换以便于控制器设计，然后利用快速终端滑模算法对其进行控制。其次，对于姿态跟踪系统，同样将其转化类 Lagrange 形式，并对其特性进行深入分析；随后基于有限时间标称控制器、自适应滑模与边界层，提出了鲁棒连续有限时间姿态跟踪控制算法。由于该算法采用自适应方法对总扰动的上界进行辨识，排除了对其上界的需求。最后，通过 Lyapunov 理论对姿态闭环系统进行了严格证明，确保系统的鲁棒稳定性。

第 6 章　分析了碰撞角约束的平面模型及三维交战模型，并克服之前学者关于平面模型碰撞角设计的缺点，设计了一种有限时间制导律。其次，基于经典动力学，将三维交战模型转化为以方位角为变量的二阶微分方程，设计了基于滑模的鲁棒有限时间导引律，使得视线角速率在固定时间内收敛到原点，便于拦截飞行器调整方位撞击各种机动目标。

第 7 章　对全书进行了总结，并对相关领域的进一步研究进行了展望。

第 2 章　飞行器姿态控制与制导模型及相关理论基础

2.1　引　言

飞行器运动是一个复杂的过程，通常需要六自由度进行描述，姿态运动仅为其中三个自由度。如果考虑现代飞行器多体结构、附件柔性及质量变化，还需要若干辅助方程。仅就卫星等航天器而言，其姿态运动指自身绕质心旋转运动，用本体坐标系相对地心惯性坐标系的相对方位或指向来描述。常用的航天器模型有刚体、准刚体、弹性体及混合系统等。卫星等航天器的环境力与其轨道有关，主要包括气动力、太阳辐射压力矩、重力梯度力、地磁场力矩等，这些扰动力矩长时间的作用会对卫星姿态正常运转产生重要影响。另外，卫星的转动惯量由于存在入轨发射与高效工作损耗而变得不确定，这些均应该考虑在姿态模型内。本章主要研究带有惯性不确定和扰动的刚体卫星的姿态控制问题，并对其进行详细分析。

目前描述卫星等航天器姿态的方法有方向余弦、欧拉角、四元数及修正的罗德里格参数等。上述方向各有优缺点：其中欧拉角及罗德里格参数易发生奇异现象，但没有冗余度，计算量小；方向余弦与四元数可以避免奇异，但方向余弦矩阵需处理六个约束条件下的九个参数求解问题，四元数需要处理相关的四个约束方程，因此计算量较大。

本章的另一个研究重点是制导理论，导引律解决的任务是提供在高速飞行器接近目标过程中其与目标之间的相对运动关系。因此，如何设计合适的制导律控制拦截飞行器，使其按照导引律设定的方式接近或撞击目标，是高速飞行器等飞行器制导控制系统的核心。导引律构造的基础是合理描述高速飞行器与目标之间运动的几何关系，恰当的两者交战模型有利于问题的分析，并且利于实际应用。

本章首先给出姿态控制与制导律中用到的各种参考坐标系与根据不同参数表示的姿态运动，并且建立卫星姿态动力学方程和基于四元数与罗德里格参数描述的运动学方程，而后给出误差动力学及其运动学方程。此外，根据研究需要，对相关有限时间系统理论及相关算法进行介绍与分析，主要包括齐次系统稳定理论、Lyapunov 稳定性理论及各种滑模控制方法。

2.2　常用坐标系及其转换关系

姿态描述及导引律的设计都是基于相关的坐标系。其中，姿态确定至少需要两个坐标系，一个是空间参考坐标系，另一个是飞行器固连的本体坐标系。飞行器制导律的研究则需要更多坐标系对其几何关系进行分析描述。

2.2.1　常用坐标系

空间飞行器常用的坐标系有本体坐标系、轨道坐标系和地心参考坐标系，而高速飞行器飞行力学与制导中常用的坐标系有本体坐标系、速度坐标系、视线坐标系、地面坐标系和轨道坐标系，这些都是右手直角坐标系。其中，针对不同飞行器，本体坐标系与轨道坐标系的称呼可能略有差异，但本质上是相同的。

2.2.1.1　地心惯性参考坐标系

地心惯性参考坐标系 $Ox_Iy_Iz_I$ 的原点设定在地心，Ox_I 沿黄道平面与地球赤道平面的交线指向春分点；Oz_I 轴指向地球北极，即地球自转轴；Oy_I 轴与其他两轴构成右手坐标系。

2.2.1.2　地面坐标系

针对高速飞行器等飞行器，地面坐标系 $Ax_sy_sz_s$ 与地球表面固联，原点 A 通常选取在飞行器质心在地面（水平面）上的投影点，Ax_s 轴位于水平面内，指向某一固定方向（如目标在地面的投影或空战时拦截飞行器到目标的视线方向等），Ay_s 则垂直于水平面向下，Az_s 则由右手定则确定。

2.2.1.3　轨道坐标系

轨道坐标系 $Ox_oy_oz_o$ 的原点均选在飞行器的质心上。对于卫星等航天器，Oy_o 轴指向与轨道平面法线方向相反，Oz_o 轴则指向地心，Ox_o 轴与其他两轴形成右手坐标系。针对圆轨道卫星而言，Ox_o 为其的速度方向。对于高速飞行器飞行运动，Ox_o 轴与高速飞行器质心的速度方向一致，Oy_o 轴则垂直于 Ox_o 轴，并且位于含有速度矢量的铅垂平面内，同样 Oz_o 轴与其他轴按照右手准则确定。

2.2.1.4　本体坐标系

本体坐标系 $Ox_by_bz_b$ 的原点同样取在飞行器的质心上。对于卫星等航天器，Ox_b 轴，Oy_b 轴和 Oz_b 轴与固连在星体本身的惯性基准坐标轴（陀螺仪敏感轴）指向一致。对于高速飞行器而言，Ox_b 轴指向高速飞行器头部且与其纵轴方向一致，Oy_b 轴与 Ox_b 轴相互垂直且在本体纵向平面内指向上方，Oz_b 轴则根据右手准则确定。

2.2.1.5　视线坐标系

视线坐标系 $Ox_Ly_Lz_L$ 的原点选在高速飞行器的质心上，Ox_L 轴与高速飞行器到目标的视线重合，并指向目标。Oy_L 轴位于含有 Ox_L 轴的铅垂平面内且指向下，Oz_L 轴与其他两轴相互垂直，可由右手准则确定。

2.2.1.6 速度坐标系

速度坐标系 $Ox_V y_V z_V$ 的原点选在高速飞行器质心上，Ox_V 轴指向相对于空气的速度矢量的方向。Oy_V 轴与 Ox_V 轴垂直且位于包含速度矢量的纵向平面内，指向上方为正。Oz_V 同样可利用右手准则确定。

2.2.2 常用坐标系间的转换关系

建立坐标系及熟练分析坐标系之间的各种变换关系是研究飞行器运动的基础。根据欧拉定理，刚体绕固定点的任一角位移可由绕通过该点的某一轴转动一个角度而得到。因此，坐标系间的转换可采用连续旋转方法得到。先将两组坐标系重合，然后令其中一组绕相应轴旋转一定角度，再根据两组坐标系间的关系，确定是否需要绕其余相应轴做第二、第三次转动，直到两组坐标系完全重合。下面以地面坐标系与本体坐标系之间的转换为例进行介绍。

以地面坐标系为基准，本体坐标系相对地面坐标系的姿态通常由俯仰角 θ，偏航角 ψ 与倾斜角 γ 来确定，如图 2-1 所示。俯仰角 θ 指高速飞行器的纵轴与水平面间的夹角，在高速飞行器纵轴指向水平面上方时为正。偏航

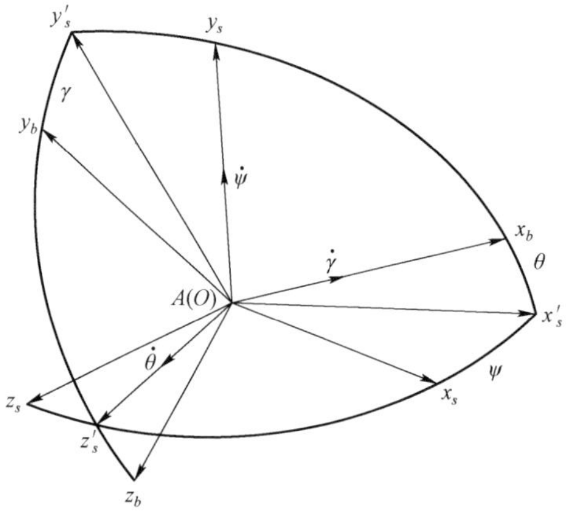

图 2-1　地面坐标系与本体坐标系之间转换关系

角 ψ 指高速飞行器纵轴在水平面内投影 Ax_s' 与地面坐标系 Ax_s 轴的夹角。若 Ax_s 轴可逆时针转到 Ax_s' 轴，则 ψ 角为正，否则为负。倾斜角 γ 指本体坐标系的 Oy_b 与包含高速飞行器纵轴的铅垂平面之间的夹角。由本体尾部顺纵轴前视，若本体向右倾斜，则 γ 角为正；反之为负。

在坐标转换时可按照这三个角参数分别进行三次旋转，第一次以角速度 $\dot{\psi}$ 绕地面坐标系的 Ay_s 轴旋转 ψ 角，第二次是以角速度 $\dot{\theta}$ 绕过渡坐标系 Az_s' 轴旋转 θ 角，第三次是以角速度 $\dot{\gamma}$ 绕 Ox_b 轴旋转 γ 角。每旋转一次，即得一个初等旋转矩阵，两组坐标系之间的转换矩阵 $\boldsymbol{C}(\gamma,\theta,\psi)$ 即由这三个旋转矩阵依次相乘得到

$$\begin{bmatrix} x_b \\ y_b \\ z_b \end{bmatrix} = \boldsymbol{C}_3(\gamma)\boldsymbol{C}_2(\theta)\boldsymbol{C}_1(\psi)\begin{bmatrix} x_s \\ y_s \\ z_s \end{bmatrix} = \boldsymbol{C}(\gamma,\theta,\psi)\begin{bmatrix} x_s \\ y_s \\ z_s \end{bmatrix} \tag{2-1}$$

式中，

$$\boldsymbol{C}_1 = \begin{bmatrix} \cos\psi & 0 & -\sin\psi \\ 0 & 1 & 0 \\ \sin\psi & 0 & \cos\psi \end{bmatrix}, \boldsymbol{C}_2 = \begin{bmatrix} \cos\theta & \sin\theta & 0 \\ -\sin\theta & \cos\theta & 0 \\ 0 & 0 & 1 \end{bmatrix}, \boldsymbol{C}_3 = \begin{bmatrix} 1 & 0 & 0 \\ 0 & \cos\gamma & \sin\gamma \\ 0 & -\sin\gamma & \cos\gamma \end{bmatrix} \tag{2-2}$$

$$\boldsymbol{C} = \begin{bmatrix} \cos\theta\cos\psi & \sin\theta & -\cos\theta\sin\psi \\ -\sin\theta\cos\psi\cos\gamma+\sin\psi\sin\gamma & \cos\theta\cos\gamma & \sin\theta\sin\psi\cos\gamma+\cos\psi\sin\gamma \\ \sin\theta\cos\psi\sin\gamma+\sin\psi\cos\gamma & -\cos\theta\sin\gamma & -\sin\theta\sin\psi\sin\gamma+\cos\psi\cos\gamma \end{bmatrix} \tag{2-3}$$

其余坐标系之间转换关系由上述方法得到。

2.3　卫星姿态系统数学模型

航天器的姿态控制模型包括运动学与动力学模型，是设计航天器姿态控制器的前提。首先建立相关坐标系对该数学模型进行描述，如图 2-2 所示，

分别建立惯性坐标系$Ox_Iy_Iz_I$、轨道坐标系$Ox_oy_oz_o$与卫星等航天器本体坐标系$Ox_by_bz_b$。

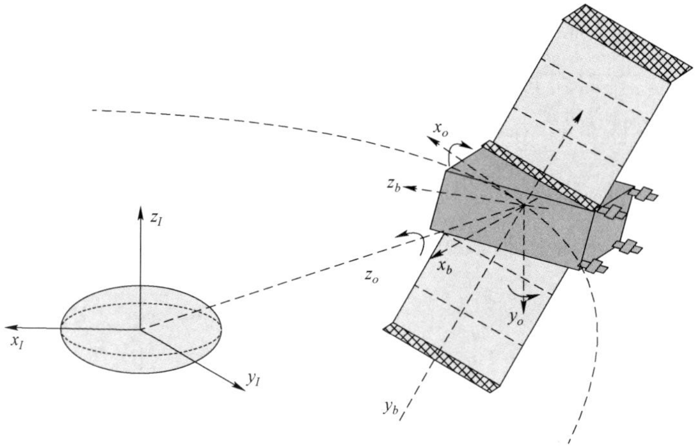

图 2-2　卫星等航天器姿态控制系统示意图

惯性坐标系$Ox_Iy_Iz_I$的原点选在地球中心，可用于描述卫星等飞行器的轨道位置。$Ox_oy_oz_o$和$Ox_by_bz_b$的原点均选在卫星等航天器的质心；针对轨道坐标系，飞行速度方向定为航天器的滚转轴Ox_o，原点指向地心方向为偏航轴Oz_o，与其他两轴构成右手法则且垂直于该飞行器轨道平面的轴为俯仰轴Oy_o；本体坐标系的各坐标轴分别与卫星等飞行器的转动惯量主轴重合。本研究基于这三种坐标系，利用四元数与修正罗德里格参数对姿态系统模型进行分析研究，而后建立多种新颖算法保证系统在各种扰动下稳定。

2.3.1 基于四元数的姿态运动模型

2.3.1.1 基于四元数的姿态描述

四元数的概念是哈密顿首先提出的，属于代数学。随着机器人控制与捷联惯性导航技术的发展，四元数被广泛应用于刚体的角运动，可避免欧拉角参数在大角度转动时容易发生奇异的缺点。四元数在描述一个坐标系或一个矢量相对某坐标系转动时，以欧拉轴 $\boldsymbol{a}$ 与角参数 ϕ 进行表示

$$\boldsymbol{q}=\begin{bmatrix} q_1 \\ q_2 \\ q_3 \\ q_0 \end{bmatrix}=\begin{bmatrix} a_x\sin(\phi/2) \\ a_y\sin(\phi/2) \\ a_z\sin(\phi/2) \\ \cos(\phi/2) \end{bmatrix}=\begin{bmatrix} \boldsymbol{a}\sin(\phi/2) \\ \cos(\phi/2) \end{bmatrix} \tag{2-4}$$

式中四个参数满足约束方程 $q_0^2+q_1^2+q_2^2+q_3^2=1$。因此，四元数的四个变量只有三个是独立的。另外，上述四元数也可以写为矢量形式

$$\boldsymbol{q}=q_1\boldsymbol{i}+q_2\boldsymbol{j}+q_3\boldsymbol{k}+q_0=\overline{\boldsymbol{q}}+q_0 \tag{2-5}$$

基于三角函数中半角公式：$\cos\phi=2\cos^2(\phi/2)-1$，$\sin\phi=2\sin(\phi/2)\cos(\phi/2)$，可将欧拉轴 $\boldsymbol{a}$ 与欧拉角 ϕ 描述的姿态矩阵 $\boldsymbol{A}(\boldsymbol{a},\phi)$ 转化为四元数姿态矩阵 $\boldsymbol{A}(\boldsymbol{q})$

$$\begin{aligned}\boldsymbol{A}(\boldsymbol{a},\phi)&=\boldsymbol{A}(\boldsymbol{q})\\ &=\begin{bmatrix} q_1^2-q_2^2-q_3^2+q_0^2 & 2(q_1q_2+q_3q_0) & 2(q_1q_3-q_2q_0) \\ 2(q_1q_2-q_3q_0) & -q_1^2+q_2^2-q_3^2+q_0^2 & 2(q_2q_3+q_1q_0) \\ 2(q_1q_3+q_2q_4) & 2(q_2q_3-q_1q_0) & -q_1^2-q_2^2+q_3^2+q_0^2 \end{bmatrix}\\ &=(q_0^2-\overline{\boldsymbol{q}}^{\mathrm{T}}\overline{\boldsymbol{q}})\boldsymbol{I}_3+2\overline{\boldsymbol{q}}\overline{\boldsymbol{q}}^{\mathrm{T}}-2q_0\overline{\boldsymbol{q}}^{\times}\end{aligned} \tag{2-6}$$

式中 $\boldsymbol{I}_3$ 是 3×3 的单位矩阵。此外，$\overline{\boldsymbol{q}}^{\times}$ 是 $\overline{\boldsymbol{q}}$ 的斜对称矩阵：

$\overline{\boldsymbol{q}}^{\times}=\begin{bmatrix} 0 & -q_3 & q_2 \\ q_3 & 0 & -q_1 \\ -q_2 & q_1 & 0 \end{bmatrix}$，它满足以下性质

$$(\overline{\boldsymbol{q}}^{\times})^{\mathrm{T}}=-\overline{\boldsymbol{q}}^{\times},\ \overline{\boldsymbol{q}}^{\times}\overline{\boldsymbol{q}}=0,\ \overline{\boldsymbol{q}}^{\mathrm{T}}\overline{\boldsymbol{q}}^{\times}=0,\ \boldsymbol{b}^{\mathrm{T}}\overline{\boldsymbol{q}}^{\times}\boldsymbol{b}=0 \tag{2-7}$$

$$\overline{\boldsymbol{q}}^{\times}\boldsymbol{b}=-\boldsymbol{b}^{\times}\overline{\boldsymbol{q}},\ \overline{\boldsymbol{q}}^{\times}\overline{\boldsymbol{q}}=0,\ \overline{\boldsymbol{q}}^{\times}\boldsymbol{b}^{\times}=\boldsymbol{b}\overline{\boldsymbol{q}}^{\mathrm{T}}-\overline{\boldsymbol{q}}^{\mathrm{T}}\boldsymbol{b}\boldsymbol{I}_3,\ (\overline{\boldsymbol{q}}^{\times}\boldsymbol{b})^{\times}=\boldsymbol{b}\overline{\boldsymbol{q}}^{\mathrm{T}}-\overline{\boldsymbol{q}}\boldsymbol{b}^{\mathrm{T}} \tag{2-8}$$

式中，$\boldsymbol{b}=[b_1\quad b_2\quad b_3]^{\mathrm{T}}\in\Re^3$。另外，四元数 $\boldsymbol{q}$ 的逆 $\boldsymbol{q}^{-1}$ 为 $\boldsymbol{q}^{-1}=-q_1\boldsymbol{i}-q_2\boldsymbol{j}-q_3\boldsymbol{k}+q_0$，符合定义 $\boldsymbol{q}\boldsymbol{q}^{-1}=\boldsymbol{q}^{-1}\boldsymbol{q}=1$。

2.3.1.2　基于四元数的姿态运动学与动力学方程

选用四元数描述姿态运动，则刚体航天器姿态运动学与动力学方程可表示为

$$\begin{aligned}\dot{\bar{\boldsymbol{q}}}_b &= \frac{1}{2}(q_0\boldsymbol{I}_3 + \bar{\boldsymbol{q}}_b^{\times})\boldsymbol{\omega}_b \\ \dot{q}_{b0} &= -\frac{1}{2}\bar{\boldsymbol{q}}_b^{\mathrm{T}}\boldsymbol{\omega}_b\end{aligned} \tag{2-9}$$

$$\boldsymbol{J}\dot{\boldsymbol{\omega}}_b = -\boldsymbol{\omega}_b^{\times}\boldsymbol{J}\boldsymbol{\omega}_b + \boldsymbol{u} + \boldsymbol{d} \tag{2-10}$$

式中，$\boldsymbol{q}_b = [\bar{\boldsymbol{q}}_b^{\mathrm{T}} \quad q_{b0}]^{\mathrm{T}} \in \Re^{\mathrm{T}}$ 表示航天器本体坐标系相对惯性坐标系之间的姿态四元数；$\bar{\boldsymbol{q}}_b \in \Re^3$ 并且满足 $q_{b0}^2 + \bar{\boldsymbol{q}}_b^{\mathrm{T}}\bar{\boldsymbol{q}} = 1$；转动角速度 $\boldsymbol{\omega}_b = [\omega_1 \quad \omega_2 \quad \omega_3]^{\mathrm{T}} \in \Re^3$ 是指本体坐标系相对惯性坐标系的角速度；$\boldsymbol{J} \in \Re^{3\times3}$ 表示航天器对称转动惯性矩阵；$\boldsymbol{u} = [u_1 \quad u_2 \quad u_3] \in \Re^3$ 指控制输入力矩；$\boldsymbol{d} = [d_1 \quad d_2 \quad d_3] \in \Re^3$ 为包括环境扰动、太阳辐射、磁效应等外部未知扰动。

上述数学模型通常可作为姿态稳定控制模型，由此可进行姿态稳定控制器的设计，然而对姿态跟踪机动的算法研究中需要用到误差四元数描述的姿态运动学与动力学模型，定义跟踪误差四元数为 $\boldsymbol{q}_e = [\bar{\boldsymbol{q}}_e^{\mathrm{T}},\ q_{e0}]^{\mathrm{T}}$ 及 $\bar{\boldsymbol{q}}_e = [q_{e1},\ q_{e2},\ q_{e3}]^{\mathrm{T}}$，指从期望参考坐标系到本体坐标系的相对姿态误差。采用 $\boldsymbol{q}_d = [\bar{\boldsymbol{q}}_d^{\mathrm{T}},\ q_{d0}]^{\mathrm{T}}$ 与 $\bar{\boldsymbol{q}}_d = [q_{d1},\ q_{d2},\ q_{d3}]^{\mathrm{T}}$ 表示卫星期望的姿态，指期望的本体坐标系 $Ox_by_bz_b$ 相对惯性坐标系 $Ox_Iy_Iz_I$ 的姿态四元数描述，则相应的运动方程为

$$\dot{\bar{\boldsymbol{q}}}_d = \frac{1}{2}(q_{d0}\boldsymbol{I}_3 + \bar{\boldsymbol{q}}_d^{\times})\boldsymbol{\omega}_d,\ \dot{q}_{d0} = -\frac{1}{2}\bar{\boldsymbol{q}}_d^{\mathrm{T}}\boldsymbol{\omega}_d \tag{2-11}$$

式中，$\boldsymbol{\omega}_d = [\omega_{d1},\ \omega_{d2},\ \omega_{d3}]^{\mathrm{T}} \in \Re^3$ 为期望姿态角速度。姿态跟踪误差可以根据四元数乘法[121] $\otimes$ 得到

$$q_{e0} = q_0 q_{d0} + \bar{\boldsymbol{q}}_d^{\mathrm{T}}\bar{\boldsymbol{q}} \tag{2-12}$$

$$\bar{\boldsymbol{q}}_e = q_{d0}\bar{\boldsymbol{q}} - q_0\boldsymbol{q}_d + \bar{\boldsymbol{q}}^{\times}\bar{\boldsymbol{q}}_d \tag{2-13}$$

同时，单位四元数 $\boldsymbol{q}_e$ 与 $\boldsymbol{q}_d$ 分别满足约束条件 $\|\boldsymbol{q}_e\| = 1$ 和 $\|\boldsymbol{q}_d\| = 1$。在本体

坐标系中令 $\boldsymbol{\omega}_e \in \Re^3$ 作为误差角速度，考虑姿态旋转矩阵 $\boldsymbol{C}_{bd}$ 的情况下

$$\boldsymbol{\omega}_e = \boldsymbol{\omega}_b - \boldsymbol{C}_{bd}\boldsymbol{\omega}_d \tag{2-14}$$

式中，$\boldsymbol{C}_{bd} = (q_{e0}^2 - \overline{\boldsymbol{q}}_e^{\mathrm{T}}\overline{\boldsymbol{q}}_e)\boldsymbol{I}_3 + 2\overline{\boldsymbol{q}}_e\overline{\boldsymbol{q}}_e^{\mathrm{T}} - 2q_{e0}\overline{\boldsymbol{q}}_e^{\times}$ 且满足 $\|\boldsymbol{C}_{bd}\|=1$ 和 $\dot{\boldsymbol{C}}_{bd} = -\boldsymbol{\omega}_e^{\times}\boldsymbol{C}_{bd}$。其中 $\|\bullet\|$ 指欧几里得范数。根据以上讨论，可以将卫星等航天器姿态跟踪机动模型表示为

$$\dot{\overline{\boldsymbol{q}}}_e = \frac{1}{2}(q_{e0}\boldsymbol{I}_3 + \overline{\boldsymbol{q}}_e^{\times})\boldsymbol{\omega}_e,\ \dot{q}_{e0} = -\frac{1}{2}\overline{\boldsymbol{q}}_e^{\mathrm{T}}\boldsymbol{\omega}_e \tag{2-15}$$

$$\boldsymbol{J}\dot{\boldsymbol{\omega}}_e = -(\boldsymbol{\omega}_e + \boldsymbol{C}_{bd}\boldsymbol{\omega}_d)^{\times}\boldsymbol{J}(\boldsymbol{\omega}_e + \boldsymbol{C}_{bd}\boldsymbol{\omega}_d) + \boldsymbol{J}(\boldsymbol{\omega}_e^{\times}\boldsymbol{C}_{bd}\boldsymbol{\omega}_d - \boldsymbol{C}_{bd}\dot{\boldsymbol{\omega}}_d) + \boldsymbol{u} + \boldsymbol{d} \tag{2-16}$$

另外，卫星等航天器的有效载荷的展开转动及喷嘴中燃料消耗等都将导致其转动惯量发生变化。因此，根据实际情况可作以下假设

假设 2.1　惯性矩阵 $\boldsymbol{J}$ 是对称正定的，并且满足有界条件 $J_{\min}\|\boldsymbol{x}\|^2 \leqslant \boldsymbol{x}^{\mathrm{T}}\boldsymbol{J}\boldsymbol{x} \leqslant J_{\max}\|\boldsymbol{x}\|^2$，不等式中 $J_{\min}$ 和 $J_{\max}$ 均为正常数。另外，惯性矩阵 $\boldsymbol{J}$ 由标称部分 $\boldsymbol{J}_0$ 与不确定部分 $\Delta\boldsymbol{J}$ 组成，而且存在正常数 δ 使得 $\|\Delta\boldsymbol{J}\| \leqslant \delta$ 成立。

假设 2.2　外部扰动 $\boldsymbol{d}$ 是有界的，并且满足约束条件 $\|\boldsymbol{d}\| \leqslant d_{\max}$，其中 $d_{\max} > 0$。

2.3.2　基于罗德里格参数的姿态运动模型

在实际应用中，常采用姿态四元数法与欧拉角描述卫星等航天器姿态。当飞行器在小姿态运动中，可采用无冗余的欧拉角对其进行描述；但当航天器大角度姿态转动时，可选用四元数对其表述。但是，姿态四元数的规范化条件可导致误差协方差阵奇异[122]，并且存在冗余量。修正罗德里格参数描述姿态虽然不是全局非奇异，但可通过参数切换避免奇异问题，而且没有冗余量，有助于提高算法的计算效率。

修正罗德里格参数也可由欧拉轴 $\boldsymbol{a}$ 及欧拉角 ϕ 描述

$$\boldsymbol{\sigma} = \boldsymbol{a} \bullet \tan(\phi/4) = \overline{\boldsymbol{q}}/(1+q_0),\ \phi \in (-2\pi,\ 2\pi) \tag{2-17}$$

式中，$\boldsymbol{q} = [\overline{\boldsymbol{q}}^{\mathrm{T}},\ q_0]^{\mathrm{T}}$ 指采用相同的欧拉轴与欧拉角对应的姿态四元数。

卫星等航天器基于修正罗德里格参数 $\boldsymbol{\sigma}_b = [\sigma_{b1},\ \sigma_{b2},\ \sigma_{b3}]^{\mathrm{T}} \in \Re^3$ 的运

动学与动力学方程为

$$\begin{aligned}\dot{\boldsymbol{\sigma}}_b &= \frac{1}{4}[(1-\|\boldsymbol{\sigma}_b\|^2)\boldsymbol{I}_3 + 2\boldsymbol{\sigma}_b^{\times} + 2\boldsymbol{\sigma}_b\boldsymbol{\sigma}_b^{\mathrm{T}}]\boldsymbol{\omega}_b = \boldsymbol{M}(\boldsymbol{\sigma}_b)\boldsymbol{\omega}_b \\ \boldsymbol{J}\dot{\boldsymbol{\omega}}_b &= -\boldsymbol{\omega}_b^{\times}\boldsymbol{J}\boldsymbol{\omega}_b + \boldsymbol{u} + \boldsymbol{d}\end{aligned} \tag{2-18}$$

式中，其余变量及矩阵均与上小节相同。在姿态运动学公式（2-18）中矩阵 $\boldsymbol{M}(\boldsymbol{\sigma}_b)$ 满足以下性质

$$\boldsymbol{M}^{-1}(\boldsymbol{\sigma}_b) = \frac{16}{(1+\|\boldsymbol{\sigma}_b\|^2)^2}\boldsymbol{M}^{\mathrm{T}}(\boldsymbol{\sigma}_b) \tag{2-19}$$

$$\boldsymbol{M}^{\mathrm{T}}(\boldsymbol{\sigma}_b)\boldsymbol{M}(\boldsymbol{\sigma}_b) = \frac{1}{16}(1+\|\boldsymbol{\sigma}_b\|^2)^2\boldsymbol{I}_3 \tag{2-20}$$

$$\det(\boldsymbol{M}(\boldsymbol{\sigma}_b)) = \frac{1}{64}(1+\|\boldsymbol{\sigma}_b\|^2)^3 \tag{2-21}$$

$$\|\boldsymbol{M}(\boldsymbol{\sigma}_b)\| = \sqrt{\lambda_{\max}(\boldsymbol{M}^{\mathrm{T}}(\boldsymbol{\sigma}_b)\boldsymbol{M}(\boldsymbol{\sigma}_b))} = \frac{1}{4}(1+\|\boldsymbol{\sigma}_b\|^2) \tag{2-22}$$

$$\boldsymbol{\sigma}_b^{\mathrm{T}}\boldsymbol{M}(\boldsymbol{\sigma}_b)\boldsymbol{\omega}_b = \frac{1}{4}(1+\|\boldsymbol{\sigma}_b\|^2)\boldsymbol{\sigma}_b^{\mathrm{T}}\boldsymbol{\omega}_b \tag{2-23}$$

下面分析基于修正罗德里格参数的姿态跟踪模型，令 $\boldsymbol{\sigma}_d = [\sigma_{d1}, \sigma_{d2}, \sigma_{d3}]^{\mathrm{T}} \in \Re^3$ 表示期望坐标系相对惯性坐标系的姿态，令 $\boldsymbol{\sigma}_e = [\sigma_{e1}, \sigma_{e2}, \sigma_{e3}]^{\mathrm{T}} \in \Re^3$ 作为实际姿态与期望姿态之间的相对姿态误差，可通过修正罗德里格参数乘积算子得到

$$\boldsymbol{\sigma}_e = \boldsymbol{\sigma}_b \oplus \boldsymbol{\sigma}_d^{-1} = \frac{\boldsymbol{\sigma}_d(\|\boldsymbol{\sigma}_b\|^2 - 1) + \boldsymbol{\sigma}_b(1-\|\boldsymbol{\sigma}_d\|^2) - 2\boldsymbol{\sigma}_d^{\times}\boldsymbol{\sigma}_b}{1+\|\boldsymbol{\sigma}_b\|^2\|\boldsymbol{\sigma}_d\|^2 + 2\boldsymbol{\sigma}_d^{\mathrm{T}}\boldsymbol{\sigma}_b} \tag{2-24}$$

同时，相应的误差角速度

$$\boldsymbol{\omega}_e = \boldsymbol{\omega}_b - \boldsymbol{R}_{bd}\boldsymbol{\omega}_d \tag{2-25}$$

式中，旋转矩阵 $\boldsymbol{R}_{bd}$ 是一个恰当的正交矩阵，可表示为

$$\boldsymbol{R}_{bd} = \boldsymbol{I}_3 + 4\frac{1-\|\boldsymbol{\sigma}_e\|^2}{(1+\|\boldsymbol{\sigma}_e\|)^2}\boldsymbol{\sigma}_e^{\times} + 8\frac{(\boldsymbol{\sigma}_e^{\times})^2}{(1+\|\boldsymbol{\sigma}_e\|)^2} \tag{2-26}$$

根据以上分析，由 $\boldsymbol{\sigma}_e$ 和 $\boldsymbol{\omega}_e$ 描述的姿态跟踪误差运动学与动力学方程为

$$\dot{\boldsymbol{\sigma}}_e = \boldsymbol{M}(\boldsymbol{\sigma}_e)\boldsymbol{\omega}_e \tag{2-27}$$

$$\boldsymbol{J}\dot{\omega}_e = -\omega_b^{\times}\boldsymbol{J}\omega_b - \boldsymbol{J}\boldsymbol{R}_{bd}\dot{\omega}_d + \boldsymbol{J}\omega_e^{\times}\boldsymbol{R}_{bd}\omega_d + \boldsymbol{u} + \boldsymbol{d} \tag{2-28}$$

在上两式中，转动惯量 $\boldsymbol{J}$ 及外部扰动 $\boldsymbol{d}$ 的假设在上小节也已提供，这里不再赘言。

评注 2-1　根据式（2-17）可知，当 $\phi \to \pm 2\pi$ 时，则 $\|\boldsymbol{\sigma}\| \to \infty$。即出现前面所述的奇异现象。此时，可通过介绍原修正罗德里格参数的映射 $\boldsymbol{\sigma}^{\mathrm{s}} = -\boldsymbol{\sigma}/(\boldsymbol{\sigma}^{\mathrm{T}}\boldsymbol{\sigma})$ 来解决，在 $\|\boldsymbol{\sigma}\| \leqslant 1$ 时选用原修正罗德里格参数来描述卫星姿态；但在 $\|\boldsymbol{\sigma}\| > 1$ 时，可使用来表示姿态。两种修正罗德里格参数切换不但可保证姿态参数在任何时候远离奇异情况，还可使其保持在单位球内。

2.4　高速飞行器与目标交战几何模型

2.4.1　平面拦截几何模型

带碰撞角约束的高速飞行器与目标之间的运动模型本质上是三维问题，但仍然有很多学者在平面内进行制导律的研究。这种方法有一定的合理性，因为三维高速飞行器与目标交战模型通过近似的解耦可分成两个正交的平面模型，可使复杂的六自由度模型变得相对简单，从而易于问题的解决。

假设高速飞行器的自动驾驶仪的动力特性比制导闭环的要快，并且高速飞行器与目标均为质点。带碰撞角约束的高速飞行器目标运动学二维模型如图 2-3 所示，相应极坐标内的相对运动学与动力学方程为

$$\dot{r} = V_T\cos(\gamma_T - \lambda) - V_M\cos(\gamma_M - \lambda) \tag{2-29}$$

$$\dot{\lambda} = \frac{1}{r}[V_T\sin(\gamma_T - \lambda) - V_M\sin(\gamma_M - \lambda)] \tag{2-30}$$

$$\dot{\gamma}_M = \frac{a_M}{V_M},\quad \dot{\gamma}_T = \frac{a_T}{V_T} \tag{2-31}$$

式中，r 为两者之间的相对距离；和分别指目标与高速飞行器的航迹角；λ 为视线角；a_T 和 a_M 分别指目标与高速飞行器的法向加速度；V_M 和 V_T 分别表示目标与高速飞行器速度的范数，并且满足以下假设。

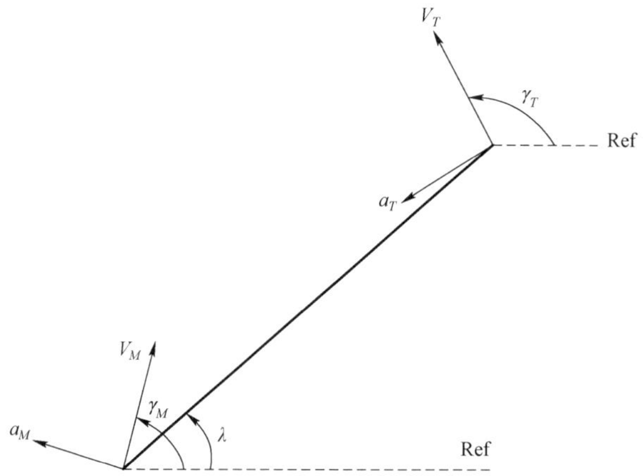

图 2-3　高速飞行器与目标平面交战模型

假设 2.3　对于全方位拦截场景，需要满足 $V_T < V_M$，即目标与高速飞行器的速度值比率 $\upsilon = V_T / V_M < 1$。

除拦截碰撞之外，还有攻击角约束条件的要求。因此，令拦截时刻高速飞行器与目标的航迹角分别为 γ_{Mf} 和 γ_{Tf}，则最终的碰撞角或攻击角为

$$\lambda_{imp} = \gamma_{Tf} - \gamma_{Mf} \tag{2-32}$$

对于大多数交战场景，高速飞行器与目标处在碰撞过程中，一个碰撞角通常对应一个特别的视线角。期望的视线角可通过以下关系式确定

$$V_M \sin(\gamma_{Tf} - \lambda_{imp} - \lambda_F) = V_T \sin(\gamma_{Tf} - \lambda_F) \tag{2-33}$$

由于 $\upsilon < 1$，因此 λ_F 可表示为

$$\lambda_F = \gamma_{Tf} - \tan^{-1}\left(\frac{\sin\lambda_{imp}}{\cos\lambda_{imp} - \upsilon}\right) \tag{2-34}$$

此外，根据分析，视线角速率为零可导致拦截条件的发生[113]。所以，

对于设计有攻击角约束的制导律，可以将视线角作为变量构造新的导引律。

2.4.2　三维交战几何模型

根据考虑因素及条件的不同，三维交战模型也不尽相同。相对较为简单的模型[104,117]则只假设高速飞行器与目标为质心，即只考虑两者之间的运动关系及加速度对运动轨迹的影响。但本研究考虑相对复杂的交战模型，如图 2-4 所示，而且根据经典动力学准则推导出相关三维追逐情形的几何模型

$$\frac{\mathrm{d}\boldsymbol{L}}{\mathrm{d}t}=\boldsymbol{V}_T-\boldsymbol{V}_M=\dot{r}\boldsymbol{i}_L+\boldsymbol{\Omega}_L\times r\boldsymbol{i}_L \tag{2-35}$$

$$\boldsymbol{A}_T=a_{yt}\boldsymbol{j}_T+a_{zt}\boldsymbol{k}_T=\boldsymbol{\Omega}_L\times\boldsymbol{V}_T+\boldsymbol{\Omega}_T\times\boldsymbol{V}_T \tag{2-36}$$

$$\boldsymbol{A}_M=a_{ym}\boldsymbol{j}_M+a_{zm}\boldsymbol{k}_M=\boldsymbol{\Omega}_L\times\boldsymbol{V}_M+\boldsymbol{\Omega}_M\times\boldsymbol{V}_M \tag{2-37}$$

$$\begin{aligned}\boldsymbol{\Omega}_L&=\dot{\phi}_L\sin\theta_L\boldsymbol{i}_L-\dot{\theta}_L\boldsymbol{j}_L+\dot{\phi}_L\cos\theta_L\boldsymbol{k}_L\\&=\dot{\lambda}_x\boldsymbol{i}_L+\dot{\lambda}_y\boldsymbol{j}_L+\dot{\lambda}_z\boldsymbol{k}_L\end{aligned} \tag{2-38}$$

$$\boldsymbol{\Omega}_M=\dot{\phi}_m\sin\theta_m\boldsymbol{i}_M-\dot{\theta}_m\boldsymbol{j}_M+\dot{\phi}_m\cos\theta_m\boldsymbol{k}_M \tag{2-39}$$

$$\boldsymbol{\Omega}_T=\dot{\phi}_t\sin\theta_t\boldsymbol{i}_T-\dot{\theta}_t\boldsymbol{j}_T+\dot{\phi}_t\cos\theta_t\boldsymbol{k}_T \tag{2-40}$$

式中，$\boldsymbol{L}$ 为视线向量；$\boldsymbol{V}_M$ 和 $\boldsymbol{V}_T$ 分别为高速飞行器与目标的速度向量；$\boldsymbol{A}_M$ 和 $\boldsymbol{A}_T$ 分别表示高速飞行器与目标的加速度向量；$\boldsymbol{\Omega}_L$ 是视线的角速度向量；$\boldsymbol{\Omega}_M$（$\boldsymbol{\Omega}_T$）是高速飞行器（目标）相对视线的角速度；r 指高速飞行器与目标的相对距离；ϕ_L 和 θ_L 分别指视线方位角与高低角；ϕ_m 和 θ_m 分别指高速飞行器速度向量在视线坐标系中航向偏角与倾角；ϕ_t 和 θ_t 分别指高速飞行器速度向量在视线坐标系中航向偏角与倾角；$\boldsymbol{i}_I,\boldsymbol{j}_I,\boldsymbol{k}_I$ 分别指惯性坐标系的单位向量；$\boldsymbol{i}_L,\boldsymbol{j}_L,\boldsymbol{k}_L$ 分别指视线坐标系的单位向量；$\boldsymbol{i}_M,\boldsymbol{j}_M,\boldsymbol{k}_M$ 和 $\boldsymbol{i}_T,\boldsymbol{j}_T,\boldsymbol{k}_T$ 分别指高速飞行器和目标本体坐标系的单位向量。

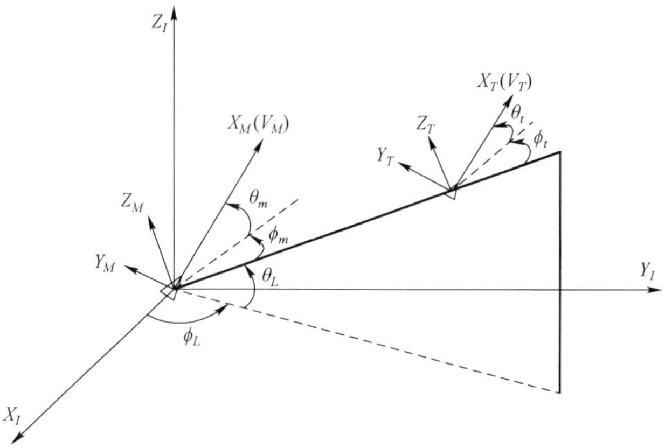

图 2-4　三维交战几何模型

根据以上分析，可得高速飞行器与目标的三维交战非线性微分方程

$$\dot{r} = V_T \cos\theta_t \cos\phi_t - V_M \cos\theta_m \cos\phi_m \tag{2-41}$$

$$r\dot{\theta}_L = V_T \sin\theta_m - V_M \sin\theta_m \tag{2-42}$$

$$r\dot{\phi}_L \cos\theta_L = V_T \cos\theta_t \sin\phi_t - V_M \cos\theta_m \sin\phi_m \tag{2-43}$$

$$\dot{\theta}_m = \frac{a_{zm}}{V_M} - \dot{\phi}_L \sin\theta_L \sin\phi_m - \dot{\theta}_L \cos\phi_m \tag{2-44}$$

$$\dot{\phi}_m = \frac{a_{ym}}{V_M \cos\theta_m} + \dot{\phi}_L \tan\theta_m \cos\phi_m \sin\theta_L - \dot{\theta}_L \tan\theta_m \sin\phi_m - \dot{\phi}_L \cos\theta_L \tag{2-45}$$

$$\dot{\theta}_t = \frac{a_{zt}}{V_T} - \dot{\phi}_L \sin\theta_L \sin\phi_t - \dot{\theta}_L \cos\phi_t \tag{2-46}$$

$$\dot{\phi}_t = \frac{a_{yt}}{V_T \cos\theta_t} + \dot{\phi}_L \tan\theta_t \cos\phi_t \sin\theta_L - \dot{\theta}_L \tan\theta_t \sin\phi_t - \dot{\phi}_L \cos\theta_L \tag{2-47}$$

此外，为便于高速飞行器导引律的研究，上述模型还满足以下假设。

假设 2.4　高速飞行器的自动驾驶仪与导引头的动态特性较快可被忽略，并且初始航向角较小或高速飞行器在飞行中保持头部朝向目标。

2.5　滑模方法及有限时间稳定理论

上述问题在本质上都可归为非线性系统控制问题，因此，非线性算法的选择对问题的解决非常重要。本研究以滑模为基础，并与其他有限时间收敛控制方法结合来建立鲁棒非线性控制算法。

2.5.1　传统滑模变结构控制

滑模变结构控制作为非线性控制方法，是变结构控制系统的一种控制策略。这种控制方法与其他非线性方法不同在于其控制输入的不连续性，即输入在滑模面所分开的两子系统中来回切换。

考虑非线性控制系统

$$\dot{\boldsymbol{x}} = \boldsymbol{f}(t,\boldsymbol{x},\boldsymbol{u}),\ t \in \Re,\ \boldsymbol{x} \in \Re^{\mathrm{n}},\ \boldsymbol{u} \in \Re^{\mathrm{m}} \tag{2-48}$$

根据要求设计滑模面

$$\boldsymbol{s}(\boldsymbol{x}) = \boldsymbol{0},\quad \boldsymbol{x} \in \Re^{\mathrm{m}} \tag{2-49}$$

基于稳定性理论构造的滑模控制算法如下

$$\boldsymbol{u} = \begin{cases} \boldsymbol{u}^{+}(\boldsymbol{x}), & \boldsymbol{s}(\boldsymbol{x}) > 0 \\ \boldsymbol{u}^{-}(\boldsymbol{x}), & \boldsymbol{s}(\boldsymbol{x}) < 0 \end{cases} \tag{2-50}$$

式中，$\boldsymbol{u}^{+}(\boldsymbol{x}) \neq \boldsymbol{u}^{-}(\boldsymbol{x})$，并且 $\boldsymbol{u}^{+}(\boldsymbol{x})$，$\boldsymbol{u}^{-}(\boldsymbol{x})$ 和 $\boldsymbol{s}(\boldsymbol{x})$ 均为光滑连续函数。滑模变结构本质是利用（2-50）迫使系统在有限时间内到达并保持在滑模面上，而且系统状态可收敛到平衡点。因此，滑模面的设计分为两步：首先，设计滑模面，使得系统在滑模面上的运动特性满足要求；其次，构造开关控制律，使得系统在面对参数不确定及扰动时，仍保证系统状态到达并保持在滑模超平面上。

滑动模态的不变性，即滑模控制的鲁棒性。当系统轨迹在滑模面上运动时，系统的参数变化和外界干扰将对系统状态没有影响。设系统（2-48）在参数变化与外部扰动下具有非线性仿射形式

$$\dot{\boldsymbol{x}} = \boldsymbol{f}(t,\boldsymbol{x}) + \Delta\boldsymbol{f}(t,\boldsymbol{x},\boldsymbol{p}) + [\boldsymbol{B}(t,\boldsymbol{x},\boldsymbol{p}) + \Delta\boldsymbol{B}(t,\boldsymbol{x},\boldsymbol{p})]\boldsymbol{u} + \boldsymbol{d} \tag{2-51}$$

式中，$\boldsymbol{d} \in \Re^n$，$\Delta\boldsymbol{f}$ 与 $\Delta\boldsymbol{B}$ 为适当维数的不确定函数；$\boldsymbol{p}$ 为参数变量。分析不变性，首先选择切换函数 $\boldsymbol{s}(t,\boldsymbol{x})$，对其求导可得

$$\dot{\boldsymbol{s}} = \frac{\partial \boldsymbol{s}}{\partial t} + \frac{\partial \boldsymbol{s}}{\partial \boldsymbol{x}}\{\boldsymbol{f}(t,\boldsymbol{x}) + \Delta\boldsymbol{f}(t,\boldsymbol{x},\boldsymbol{p}) + [\boldsymbol{B}(t,\boldsymbol{x},\boldsymbol{p}) + \Delta\boldsymbol{B}(t,\boldsymbol{x},\boldsymbol{p})]\boldsymbol{u} + \boldsymbol{d}\} \tag{2-52}$$

根据等效控制概念[123]可得

$$\boldsymbol{u}_{eq} = -\left(\frac{\partial \boldsymbol{s}}{\partial \boldsymbol{x}}\boldsymbol{B}\right)^{-1}\left\{\frac{\partial \boldsymbol{s}}{\partial t} + \frac{\partial \boldsymbol{s}}{\partial \boldsymbol{x}}[\boldsymbol{f} + \Delta\boldsymbol{f} + \Delta\boldsymbol{B}\boldsymbol{u} + \boldsymbol{d}]\right\} \tag{2-53}$$

式中，$\dfrac{\partial \boldsymbol{s}}{\partial \boldsymbol{x}}\boldsymbol{B}$ 非奇异。将等效控制（2-53）代入式（2-51）可得系统在滑动模态时的方程

$$\dot{\boldsymbol{x}} = \left[\boldsymbol{I} - \boldsymbol{B}\left(\frac{\partial \boldsymbol{s}}{\partial \boldsymbol{x}}\boldsymbol{B}\right)^{-1}\frac{\partial \boldsymbol{s}}{\partial \boldsymbol{x}}\right](\boldsymbol{f} + \Delta\boldsymbol{f} + \Delta\boldsymbol{B}\boldsymbol{u}_{eq} + \boldsymbol{d}) - \boldsymbol{B}\left(\frac{\partial \boldsymbol{s}}{\partial \boldsymbol{x}}\boldsymbol{B}\right)^{-1}\frac{\partial \boldsymbol{s}}{\partial t} \tag{2-54}$$

由上式可知，当

$$\boldsymbol{B}\left(\frac{\partial \boldsymbol{s}}{\partial \boldsymbol{x}}\boldsymbol{B}\right)^{-1}\frac{\partial \boldsymbol{s}}{\partial \boldsymbol{x}} = \boldsymbol{I} \tag{2-55}$$

成立时，滑动模态方程与参数变化及外部扰动无关，即滑动模态对参数变化及外部扰动具有不变性。此时，如果存在 $\boldsymbol{k}_1$ 和 $\boldsymbol{k}_2$，使得

$$\Delta\boldsymbol{f} = \boldsymbol{B}\boldsymbol{k}_1,\ \Delta\boldsymbol{B} = \boldsymbol{B}\boldsymbol{k}_2 \tag{2-56}$$

成立，即 $\Delta\boldsymbol{f},\ \Delta\boldsymbol{B} \in \mathrm{span}(\boldsymbol{B})$，其中 $\mathrm{span}(\boldsymbol{B})$ 为 $\boldsymbol{B}$ 的列向量张成的子空间。式（2-56）称为滑动模态的不变性条件，其与模型跟踪问题中的匹配条件类似。

由于滑模变结构控制采用开关控制，而其缺点也存在于此。在实现应用中，理想开关是不存在的，因此系统会在切换面上来回切换，引起抖振。抖振会影响系统的动态品质，所以有关学者提出许多方法减轻这种现象，如高增益法、边界层法、趋近律法等。这些方法在有关书籍[18,124]中均有介绍，

不再赘言。此外，还有高阶滑模控制方法可以减小抖振，但它属于有限时间稳定算法，将在下面进行阐述。

2.5.2 有限时间稳定理论及相关算法

在控制理论中，系统的稳定性一直是重要课题。但传统的系统稳定通常指渐近特性，即收敛时间趋于无穷，因此有时不能满足实际工程需要。后来，有限时间稳定理论的出现避免了上述缺点，并成为研究热点。有限时间稳定是指在一个有限的时间区间内，系统的状态轨迹或输出量始终保持在给定的界限内。而相应的控制器则在有限时间内使系统状态或输出信号到达指定的目标。下面对非线性有限时间稳定性理论[125]的概念及基本结论进行介绍及分析。

定义 2.1　考虑如下形式的非线性系统

$$\dot{\boldsymbol{x}} = \boldsymbol{f}(t,\boldsymbol{x}),\ \boldsymbol{f}(\boldsymbol{0},t)=\boldsymbol{0},\ \boldsymbol{x}\in\Re^{n} \tag{2-57}$$

式中，$\boldsymbol{f}:\Re\times\boldsymbol{U}_0\to\Re^{n}$ 在 $\Re\times U_0$ 上连续；$\boldsymbol{U}_0$ 是含原点 $\boldsymbol{x}=0$ 的一个开邻域。系统在有限时间内收敛到平衡点 $\boldsymbol{x}=\boldsymbol{0}$（局部），是指对任意初始时刻 t_0 给定的初始状态 $\boldsymbol{x}(t_0)=\boldsymbol{x}_0\in\boldsymbol{U}$，存在一个依赖于 $\boldsymbol{x}_0$ 的稳定时间 $T\geqslant 0$，使得系统（2-57）以 $\boldsymbol{x}_0$ 为初始状态的解有定义 $\boldsymbol{x}(t)=\boldsymbol{\varphi}(t;t_0,\boldsymbol{x}_0)$（可能不唯一），并且满足

$$\begin{cases}\lim\limits_{t\to T(t,\boldsymbol{x}_0)}\boldsymbol{\varphi}(t;t_0,\boldsymbol{x}_0)=\boldsymbol{0}\\ \boldsymbol{\varphi}(t;t_0,\boldsymbol{x}_0)=\boldsymbol{0},\ t>T(t,\boldsymbol{x}_0)\end{cases} \tag{2-58}$$

并且当 $t\in[t_0,T(t_0,\boldsymbol{x}_0))$ 时，$\boldsymbol{\varphi}(t;t_0,\boldsymbol{x}_0)\in\boldsymbol{U}/\boldsymbol{0}$。另外，此系统的平衡点 $\boldsymbol{x}=\boldsymbol{0}$（局部）有限时间稳定，是指其是 Lyapunov 稳定并且在原点的一个邻域 $\boldsymbol{U}\subset\boldsymbol{U}_0$ 内有限时间收敛。如果 $\boldsymbol{U}=\boldsymbol{U}_0=\Re^{n}$，则称原点为全局有限时间稳定的平衡点。

定义 2.2　扩张是一种算子，对所有的 $\varepsilon>0$ 和 $\boldsymbol{x}\in\Re^{n}$，满足

$$\boldsymbol{\delta}_{\varepsilon}^{r}=(\varepsilon^{r_1}x_1,\cdots,\varepsilon^{r_n}x_n) \tag{2-59}$$

式中，$\boldsymbol{r}=(r_1,\cdots,r_n)\in\Re^n$ 是固定的；r_i 被称为权且 $r_i>0,\ i=1,\cdots,n$。

定义 2.3 对于标量函数 $V:\Re^n\to\Re$，如果对所有 $\varepsilon>0$ 和 $\boldsymbol{x}\in\Re^n$ 都满足下式

$$V(\boldsymbol{\delta}_\varepsilon^r)=\varepsilon^\alpha V(\boldsymbol{x}) \tag{2-60}$$

则函数 V 被称为扩张 $\boldsymbol{\delta}_\varepsilon^r$ 的齐次函数，α 是被称为齐次函数的齐次度，且是固定的。另外，由下式定义的齐次函数，被称为 $\boldsymbol{\delta}_\varepsilon^r$ 齐次范数。

$$\|\boldsymbol{x}\|_{\boldsymbol{r},p}:=\left(\sum\nolimits_{i=1}^n|x_i|^{p/r_i}\right)^{\frac{1}{p}} \tag{2-61}$$

$p\geqslant1$ 是固定的，根据齐次度定义（2-60）知齐次范数的齐次度为 1。集合 $S_{r,p}=\{\boldsymbol{x}\,|\,\|\boldsymbol{x}\|_{r,p}=1\}$ 是对应 $\boldsymbol{\delta}_\varepsilon^r$ 的齐次单位球面。

定义 2.4 令 $\boldsymbol{f}(\boldsymbol{x}):\Re^n\to\Re^n$ 为一向量场，若对任意的 $\varepsilon>0$ 满足

$$\boldsymbol{f}(\boldsymbol{\delta}_\varepsilon^r)=\varepsilon^\alpha\boldsymbol{\delta}_\varepsilon^r(\boldsymbol{f}(\boldsymbol{x})) \tag{2-62}$$

即对向量场中每一个分量都有下式成立

$$f_i(\varepsilon^{r_1}x_1,\cdots,\varepsilon^{r_n}x_n)=\varepsilon^{\alpha+r_i}f_i(x_1,\cdots,x_n),\quad i=1,\cdots,n \tag{2-63}$$

那么向量场 $\boldsymbol{f}(\boldsymbol{x})$ 被称为扩张 $\boldsymbol{\delta}_\varepsilon^r$ 的齐次系统，$\alpha\in\Re$ 固定，为系统的齐次度。

定义 2.5 扩张 $\boldsymbol{\delta}_\varepsilon^r$ 的欧拉向量场，被定义为

$$\boldsymbol{v}(\boldsymbol{x})=\sum_{i=1}^n r_ix_i\frac{\partial}{\partial x_i} \tag{2-64}$$

基于上式定义的欧拉向量场，微分方程 $\dot{\boldsymbol{x}}=\boldsymbol{v}(\boldsymbol{x})$ 的解 $\boldsymbol{g}_t(\boldsymbol{x})$ 可表示为

$$\boldsymbol{g}_t(\boldsymbol{x})=(e^{r_1t}x_1,\cdots,e^{r_nt}x_n)=\boldsymbol{\delta}_{e^t}^r(x_1,\cdots,x_n) \tag{2-65}$$

对任意 $t\in\Re$，映射 $\boldsymbol{g}_t(\boldsymbol{x})=\bar{\boldsymbol{g}}(t,\boldsymbol{x})$ 是一同胚映射，则 $\boldsymbol{g}_t^{-1}(\boldsymbol{x})=\boldsymbol{g}_{-t}(\boldsymbol{x})$。若 $\boldsymbol{\delta}_\varepsilon^r$ 由 $\boldsymbol{g}_{\ln(\varepsilon)}(\boldsymbol{x})$ 定义，则 $\boldsymbol{v}(\boldsymbol{x})$ 的扩张为 $\boldsymbol{\delta}_\varepsilon^r$。

在非线性系统的有限时间收敛理论中，通常用到以下引理。本研究同样以此为基础进行卫星姿态控制器与拦截交会中导引律的研究。

引理[126]2.1 考虑非线性系统（2-57），假定存在一个在包含原点的领域 $\hat{\boldsymbol{U}}\subset\boldsymbol{U}_0\subset\Re^n$ 上 C^1 光滑函数 $V(\boldsymbol{x},t)$（$V(\boldsymbol{x},t)=0$ 当且仅当 $\boldsymbol{x}=\boldsymbol{0}$），并且存

在实数 $\lambda>0$ 及 $0<\alpha<1$，使得 $V(\boldsymbol{x},t)$ 在域 $\hat{\boldsymbol{U}}$ 上正定及 $\dot{V}(\boldsymbol{x},t)+\lambda V^{\alpha}(\boldsymbol{x},t)$ 半负定，则 $V(\boldsymbol{x},t)$ 在有限时间

$$T(\boldsymbol{x}_0)\leqslant\frac{V(\boldsymbol{x}_0)^{1-\alpha}}{\lambda(1-\alpha)} \tag{2-66}$$

内局部收敛到原点，其中 $\boldsymbol{x}_0$ 是上述开邻域内任一点。另外，如果 $\hat{\boldsymbol{U}}=\Re^n$ 且 $V(\boldsymbol{x})$ 径向无界，则系统（2-57）的原点是全局有限时间稳定的。

引理[125]2.2　如果系统（2-57）是全局渐近稳定且局部有限时间收敛，那么其是全局有限时间稳定的。

引理[127]2.3　对于任意实数 $\lambda_1>0$，$\lambda_2>0$ 与 $0<\iota<1$，则扩展的快速有限时间收敛的 Lyapunov 稳定条件为 $\dot{V}(\boldsymbol{x})+\lambda_1 V(\boldsymbol{x})+\lambda_2 V^{\iota}(\boldsymbol{x})\leqslant 0$，则稳定时间的上界可通过下式得到

$$T(\boldsymbol{x}_0)\leqslant\frac{1}{\lambda_1(1-\iota)}\ln\frac{\lambda_1 V^{1-\iota}(\boldsymbol{x}_0)+\lambda_2}{\lambda_2} \tag{2-67}$$

此外，根据上述几何齐次理论及有限时间稳定理论，Bhat 等针对积分链系统

$$\begin{cases}\dot{z}_1=z_2\\ \quad\vdots\\ \dot{z}_{n-1}=z_n\\ \dot{z}_n=u\end{cases} \tag{2-68}$$

设计了新的有限时间反馈控制器，下面将结果以引理形式给出。

引理[128]2.4　如果系统（2-57）具有负的齐次度，并且对于原点具有渐近稳定性，那么系统（2-57）可在有限时间内收敛到原点。

引理[129]2.5　假设存在正常数 $k_1,k_2,\cdots,k_n$，使得多项式 $p^n+k_n p^{n-1}+\cdots+k_2 p+k_1$ 是 Hurwitz 稳定的，存在 $\alpha^*\in(0,1)$，使得对第 j 个 $v_j\in(1-\alpha^*,1)$，在如下反馈控制律作用下，系统在原点是有限时间稳定的，控制律为

$$u=-k_n|z_n|^{v_n}\operatorname{sign}(z_n)-k_{n-1}|z_{n-1}|^{v_{n-1}}\operatorname{sign}(z_{n-1})-\cdots-k_1|z_1|^{v_1}\operatorname{sign}(z_1) \tag{2-69}$$

式中 $v_1, v_2, \cdots, v_n$ 为系数，且满足 $v_{j-1} = \dfrac{v_j v_{j+1}}{2v_{j+1} - v_j}$，$v_{n+1} = 1$，$(j = 2, \cdots, n)$。

引理[130]2. 6 考虑以下系统

$$\dot{\boldsymbol{x}} = \boldsymbol{f}(\boldsymbol{x}) + \hat{\boldsymbol{f}}(\boldsymbol{x}) \tag{2-70}$$

式中，$\boldsymbol{f}(\boldsymbol{x})$ 是相对 $(r_1, \cdots, r_n)$ 齐次度为 $\alpha^* < 0$ 的向量场；$\hat{\boldsymbol{f}}(\boldsymbol{x})$ 满足 $\hat{\boldsymbol{f}}(\boldsymbol{0}) = \boldsymbol{0}$。另外，假设是系统 $\dot{\boldsymbol{x}} = \boldsymbol{f}(\boldsymbol{x})$ 的渐近平衡点。当条件满足（2-71）时

$$\lim_{\varepsilon \to 0} \frac{\hat{f}_i(\boldsymbol{\delta}_\varepsilon^r(\boldsymbol{x}))}{\varepsilon^{\alpha^* + r_i}} = 0,\ i = 1, \cdots, n,\ \forall \boldsymbol{x} \neq \boldsymbol{0} \tag{2-71}$$

$\boldsymbol{x} = \boldsymbol{0}$ 是系统（2-70）的局部有限时间平衡点。

2.6 本章小结

本章除讨论了卫星等航天器的姿态运动与动力学模型外，还分析了高速飞行器拦截交战模型。首先介绍了在飞行器运动数学模型中常用的坐标系及其转换关系，然后根据经典力学分别建立了姿态运动数学模型及高速飞行器与目标之间追逐拦截模型。最后，为解决涉及的相关问题，分析了在本研究中用到的滑模算法及有限时间系统理论。

第 3 章 自适应高阶滑模算法研究

3.1 引 言

在理论上，系统的滑模运动与控制对象的参数变化及外部扰动无关，因此滑模变结构算法的控制精度及被控系统的鲁棒性比其他算法要优越。然而，在实际应用中，不连续开关特性引起的系统抖振降低了被控系统的性能。因此，消除或减小抖振成为滑模变结构控制领域的重要工作。

目前，国内外对滑模抖动问题的研究已有很多，主要可分为以下几类。

（1）连续函数代替开关函数，也称为准滑动模态方法[131]，采用与开关函数近似的函数取代开关函数，常用的函数有 Sigmoid 函数[132]及饱和函数等。这种方法较为简洁实用，虽避免了高频开关带来的颤抖，但会造成系统的稳态误差。

（2）趋近律，包括等速趋近律、指数趋近律、幂次趋近律等，为我国高为炳院士提出的概念[124]。不但保证滑动模态到达过程的动态品质，还可减小高频开关造成的抖动。这种策略虽可减小滑模颤抖，但对问题解决是有限的。

（3）滑模增益自适应方法，也称自适应滑模控制。抖动的振幅与为连续控制的幅度成正比例，所以降低开关增益，相应的抖振幅度也随之降低。切换项增益的自适应调整，避免对增益的过高估计，同时减小了切换项所带来的滑模抖动。

（4）高阶滑模方法，该方法保持传统滑模的优点，同时也抑制了抖动。具体方法是将切换函数转移到系统控制输入的一阶或高阶导数中，得到在时间上本质连续的动态滑模控制律，有效降低了抖振。另外，该算法还可保证滑模输出变量在有限时间内收敛到原点或其附近，是一种比较实用的鲁棒有限时间收敛控制器。

此外，还有其他方法抑制抖振，如滤波法、扇形区域法、模糊方法、神经网络法等。这些方法各有优缺点，针对具体的问题及要求可采用不同的分析方法。解决复杂的实际问题，多种滑模相关方法联合成为一种趋势。近年来，尤其以自适应与高阶滑模方法结合，构建兼有两者优点的控制算法成为该领域的研究热点。

3.2 自适应与高阶滑模控制算法

3.2.1 自适应滑模控制算法

自适应算法可自动修正控制器特性以适应控制对象和扰动变化。它与滑模控制结合不但保证滑模的不变性，还可根据滑模变量实时调整切换项的增益，有时甚至不需要知晓扰动的边界。

考虑非线性系统

$$\dot{\boldsymbol{x}} = \boldsymbol{f}(\boldsymbol{x}) + \boldsymbol{b}(\boldsymbol{x})u \tag{3-1}$$

式中，$\boldsymbol{x} \in \aleph \subset \Re^n$ 为状态向量；$u \in \Re$ 为控制输入；$\boldsymbol{f}(\boldsymbol{x})$ 与 $\boldsymbol{b}(\boldsymbol{x})$ 是光滑不确定函数且关于 $\boldsymbol{x} \in \aleph$ 是有界的。另外，$\boldsymbol{f}(\boldsymbol{x})$ 含有不可测扰动项，$\boldsymbol{b}(\boldsymbol{x}) \neq \boldsymbol{0}$ 对于任意 $\boldsymbol{x} \in \aleph$ 成立，即非线性系统（3-1）对任意 $\boldsymbol{x} \in \aleph$ 是可控的。

控制的目的是迫使滑模变量 $s(t, \boldsymbol{x})$ 到达原点。假设滑模变量对于控制输入的相对阶为 1，可得

$$\dot{s}=\underbrace{\frac{\partial s}{\partial t}+\frac{\partial s}{\partial \boldsymbol{x}}\boldsymbol{f}(\boldsymbol{x})}_{\Psi(\boldsymbol{x},t)}+\underbrace{\frac{\partial s}{\partial \boldsymbol{x}}\boldsymbol{b}(\boldsymbol{x})}_{\Gamma(\boldsymbol{x},t)}u$$
$$=\Psi(\boldsymbol{x},t)+\Gamma(\boldsymbol{x},t)\cdot u \tag{3-2}$$

假设$\Psi(\boldsymbol{x},t)$与$\Gamma(\boldsymbol{x},t)$有界并且满足下式

$$|\Psi|\leqslant\Psi_M,\ 0<\Gamma_m\leqslant\Gamma\leqslant\Gamma_M \tag{3-3}$$

引理[134]3.1　考虑非线性系统（3-1）及其滑模变量$s(t,\boldsymbol{x})$，当自适应滑模控制器设计为

$$u=-\rho(t)\mathrm{sign}(s),\quad \dot{\rho}=\rho_0\cdot|s(t,\boldsymbol{x})| \tag{3-4}$$

式中，$\rho_0>0$和$\rho(0)>0$。那么，存在有限时间t_F使得当$t\geqslant t_F$时滑模变量在滑模面$\{\boldsymbol{x}|s(t,\boldsymbol{x})=0\}$上。

这种方法的优点是不需要知道不确定的边界，但切换项的增益不能减小。此外，理想滑模面$\{\boldsymbol{x}|s(t,\boldsymbol{x})=0\}$是不可能到达的，所以自适应增益将会一直增加。这样不但会使控制增益被过高估计，还对长期工作的执行器不利。

引理[133]3.2　对于给定滑动模态为（3-2）的非线性系统（3-1），当自适应滑模控制律设计为

$$u=-\rho(t)\mathrm{sign}(s(t,\boldsymbol{x})) \tag{3-5}$$

式中，自适应律为

$$\rho(t)=\rho_0\cdot|\eta|+\rho^*,\quad \rho_0\geqslant\left|\frac{\Psi}{\Gamma}\right|>0,\ \rho^*>0 \tag{3-6}$$

另外，$\mathrm{sign}(s(t,\boldsymbol{x}))$的平均值$\eta$可通过低通滤波器$\tau\cdot\dot{\eta}+\eta=\mathrm{sign}[s(t,\boldsymbol{x})]$得到。那么，存在有限时间$t_F>0$在$t\geqslant t_F$时滑动模态能够建立。

该方法可根据等效控制自动调节切换增益，但自适应律$\rho(t)$需要明确不确定的边界。此外，低通滤波器的参数τ和ρ^*不易选择。为了克服上述缺点，Plestan 等在文献［135］中对这两种方法进行了改进。

考虑系统（3-1）的控制器仍为

$$u=-\rho\cdot\mathrm{sign}(s(t,\boldsymbol{x})) \tag{3-7}$$

增益 $\rho(t)$ 自适应律修改为

$$\begin{cases}\dot{\rho}=\rho_0\cdot|s(t,\boldsymbol{x})|, & |s(t,\boldsymbol{x})|\neq 0\\ \rho=\rho_1\cdot|\eta|+\rho_2,\ \tau\dot{\eta}+\eta=\operatorname{sign}(s(t,\boldsymbol{x})), & |s(t,\boldsymbol{x})|\neq 0\end{cases} \tag{3-8}$$

式中，$\rho_0>0$、$\rho(0)>0$、$\rho_2>0$、$\tau>0$、$\rho_1=\rho(t^*)$。这里 t^* 指滑模变量到达滑模面的时刻，即当 $t<t^*$，$s(t,\boldsymbol{x})\neq 0$；当 $t\geqslant t^*$，$s(t,\boldsymbol{x})=0$。

引理[135]3.3 给定非线性不确定系统（3-1），当其滑动模态被自适应滑模算法（3-7）和（3-8）控制时，存在一个有限时间 $t_F>0$，以致当 $t\geqslant t_F$ 时滑模变量到达滑模面，即当 $t\geqslant t_F$ 时，$s(t,\boldsymbol{x})=0$ 成立。

由于滑模变量不可能一直保证在滑模面上，所以滑模增益的自适应律（3-8）不适于实际应用。因此，基于低通滤波器的自适应律（3-8）再次被修改为

$$\begin{cases}\dot{\rho}=\rho_0\cdot|s(t,\boldsymbol{x})| & |s(t,\boldsymbol{x})|>\bar{\varepsilon}\\ \rho=\rho_1\cdot|\eta|+\rho_2,\ \tau\dot{\eta}+\eta=\operatorname{sign}(s(t,\boldsymbol{x})) & |s(t,\boldsymbol{x})|\leqslant\bar{\varepsilon}\end{cases} \tag{3-9}$$

式中，实滑模边界 $\bar{\varepsilon}>0$ 为较小常数。同样，在引理 3.2 中，另一种滑模自适应律被修改为

$$\dot{\rho}=\begin{cases}\bar{\rho}_0\cdot|s(t,\boldsymbol{x})|\operatorname{sign}(|s(t,\boldsymbol{x})|-\bar{\varepsilon}), & \rho>\mu\\ \mu, & \rho\leqslant\mu\end{cases} \tag{3-10}$$

式中，$\bar{\rho}_0>0$。此外，$\mu>0$ 与 $\bar{\varepsilon}>0$ 均为很小常数。则相应的滑模变量的收敛特性如下引理。

引理[135]3.4 给定非线性不确定系统（3-1），当其滑动模态被自适应滑模算法（3-7）和（3-10）控制时，存在一个有限时间 $t_F>0$，以致当 $t\geqslant t_F$ 时滑模变量满足 $|s(t,x)|\leqslant\delta$，其中 δ 表示为（3-11）；即当滑模建立

$$\delta=\sqrt{\bar{\varepsilon}^2+\frac{\Psi_M^2}{\bar{\rho}_0\cdot\Gamma_m}} \tag{3-11}$$

自适应律（3-10）避免了引理 3.1 中的缺点，并且考虑了实际滑模面情况，提高滑模控制器的性能。同时，发现一种新的现象，即自适应增益可实时跟踪扰动边界并且大于其上界。因此，Utkin 等基于低通滤波器又提出一

种新的增益自适应律，这种方法可搜寻最小可能的增益值，以便尽可能降低滑模抖振。

首先假设系统（3-1）满足以下新的条件：

$$\begin{aligned}&\|\boldsymbol{f}(t,\boldsymbol{x})\| \leqslant f_0 + f_1\|\boldsymbol{x}\|,\ 0 < b_0 \leqslant \nabla^{\mathrm{T}} s(\boldsymbol{x})\boldsymbol{b}(t,\boldsymbol{x}),\\ &\|\boldsymbol{b}(t,\boldsymbol{x})\| \leqslant b^+,\ \|\nabla^{\mathrm{T}} s(\boldsymbol{x})\| \leqslant s^+\end{aligned} \tag{3-12}$$

$$\begin{aligned}&\boldsymbol{\Phi}(t,\boldsymbol{x}) = \frac{\nabla^{\mathrm{T}} s(\boldsymbol{x})\boldsymbol{f}(t,\boldsymbol{x})}{\nabla^{\mathrm{T}} s(\boldsymbol{x})\boldsymbol{b}(t,\boldsymbol{x})},\ \|\nabla^{\mathrm{T}}\boldsymbol{\Phi}(t,\boldsymbol{x})\| \leqslant \boldsymbol{\Phi}_0 + \boldsymbol{\Phi}_1\|\boldsymbol{x}\|,\\ &\left|\frac{\partial}{\partial t}\boldsymbol{\Phi}(t,\boldsymbol{x})\right| \leqslant \varphi_0 + \varphi_1\|\boldsymbol{x}\|\end{aligned} \tag{3-13}$$

所有在不等式右边的系数均为正常数。根据上述假设，滑模控制方法可设计为

$$\begin{aligned}&u(t,\boldsymbol{x}) = -k(t)(1+\lambda\sqrt{\|\boldsymbol{x}\|^2+\varepsilon})\mathrm{sign}(s(\boldsymbol{x}))\\ &\lambda \geqslant 0,\quad \varepsilon > 0,\quad k(t) \in [\mu, k^+],\quad \mu > 0\end{aligned} \tag{3-14}$$

增益系数 $k(t)$ 自适应律为

$$\dot{k}(t) := (\gamma_0 + \gamma_1\|\boldsymbol{x}\|)k(t)\mathrm{sign}(\delta(t)) - M[k(t)-k^+]_+ + M[\mu - k(t)]_+ \tag{3-15}$$

式中 $\delta(t) := \left|[\mathrm{sign}(s(\boldsymbol{x}(t)))]_{eq}\right| - \alpha$， $\alpha \in (0,1)$， $\lambda > 0$， $\gamma_0 > 0$ 和 $\gamma_1 > 0$ 。

引理[138]3.5 对于系统（3-1），当其控制律（3-14）及自适应律（3-15）的参数满足（3-16）时

$$\begin{aligned}&k^+ > s^+\frac{f_0}{b_0},\ \mu > s^+\frac{f_0}{b_0},\ 0 < \varepsilon \ll 1\\ &\gamma_0 > \alpha^{-1}\left[\left(\frac{f_0}{\mu} + b^+\right)\boldsymbol{\Phi}_0 + \frac{\varphi_0}{\mu} + f_0 + b^+k^+\right]\\ &\gamma_1 \geqslant \alpha^{-1}\left(\frac{f_0}{\mu} + b^+\right)\boldsymbol{\Phi}_1,\ M > \gamma_0 k^+\end{aligned} \tag{3-16}$$

存在 $\theta := \alpha\gamma_0 - \left[\left(\frac{f_0}{\mu} + b^+\right)\boldsymbol{\Phi}_0 + \frac{\varphi_0}{\mu} + f_0 + b^+k^+\right] > 0$ 与有限时间 $t_f = \theta^{-1}|\delta(0)|$ 以致对任意时间 $t > t_f$ 条件 $|\{\mathrm{sign}[s(\boldsymbol{x}(t))]\}_{eq}| = \alpha$ 成立，即在有限时间 t_f 之后，滑模变量能够保持在滑模面 $s(\boldsymbol{x}) = 0$ 上。

根据等效控制概念，在自适应滑模控制律（3-14）与（3-15）中切换项可被下式取代

$$\{\mathrm{sign}[s(\boldsymbol{x}(t))]\}_{eq}:=\begin{cases}\dfrac{\boldsymbol{\Phi}(t,\boldsymbol{x})}{k(t)(1+\lambda\sqrt{\|\boldsymbol{x}\|^2+\varepsilon})}, & s(\boldsymbol{x})=0\\ \mathrm{sign}[s(\boldsymbol{x}(t))], & s(\boldsymbol{x})\neq 0\end{cases} \tag{3-17}$$

另外，在自适应律（3-15）实际应用中，函数$[\mathrm{sign}(s(\boldsymbol{x}))]_{eq}$是需要的，可通过开关函数的低通滤波器得到

$$\tau\dot{z}+z=\mathrm{sign}(\boldsymbol{x}(t)),\quad z(0)=0 \tag{3-18}$$

则等效控制项满足$\left|z(t)-[\mathrm{sign}(\boldsymbol{x}(t))]_{eq}\right|\approx 0$。因此，在上述算法应用中，可利用$z(t)$取代$[\mathrm{sign}(\boldsymbol{x}(t))]_{eq}$。

3.2.2 高阶滑模控制算法

高阶滑模源于传统滑模，使被控系统仍对扰动具有不变性，但降低了抖振对输出的影响，同时在开关延迟和离散测量噪声存在下提高了控制精度。

考虑不确定非线性系统

$$\begin{aligned}\dot{\boldsymbol{x}}&=\boldsymbol{f}(\boldsymbol{x})+\boldsymbol{g}(\boldsymbol{x})u\\ y&=s(\boldsymbol{x})\end{aligned} \tag{3-19}$$

式中，$\boldsymbol{x}\in\Re^n$为系统状态变量，$u\in\Re$为输入控制，滑模变量$s(\boldsymbol{x},t)\in\Re$为可测光滑输出函数，$\boldsymbol{f}(\boldsymbol{x},t)$和$\boldsymbol{g}(\boldsymbol{x},t)$为不确定光滑函数。

假设 3.1 系统（3-19）对滑模输出$s(\boldsymbol{x})$的相对阶r固定且已知，此外其相关的零动态是稳定的。

考虑系统（3-19）被不连续动态反馈控制时，假设$s,\dot{s},\cdots,s^{(r-1)}$是连续函数及$r$阶滑模集$\mathrm{S}^r=\{\boldsymbol{x}|s(\boldsymbol{x})=\dot{s}(\boldsymbol{x})=\cdots=s^{(r-1)}(\boldsymbol{x})=0\}$非空，且在 Filippov 意义下是局部可积的集合，则在集合S^r上的运动称为相对滑模变量的r阶滑模。

根据假设 3.1 及上面定义，可对滑模变量求r次导数可得关于输出变量的r阶微分方程

$$s^{(r)}(\boldsymbol{x})=a(t,\boldsymbol{x})+b(t,\boldsymbol{x})u \tag{3-20}$$

式中，$a(t,\boldsymbol{x})=L_{f(t,\boldsymbol{x})}^{r}s(\boldsymbol{x})$，$b(t,\boldsymbol{x})=L_{g(t,\boldsymbol{x})}L_{f(t,\boldsymbol{x})}^{r-1}s(\boldsymbol{x})$。其中 $L_{(\cdot)}^{r}(\bullet)$ 为 r 重李导数，当 $r=1$ 时即为李导数算子。这样非线性不确定系统的高阶滑模控制转化为带有限扰动的高阶输入输出有限时间稳定问题。

假设 3.2　存在正常数 $\bar{C}$, K_m 和 K_M，至少使以下不等式局部成立

$$|a|\leqslant \bar{C},\ \ K_m\leqslant b\leqslant K_M \tag{3-21}$$

假设 3.3　系统的轨迹对任意有界 Lebesgue 可测输入尽可能扩展，实际上意味着系统是弱最小相位的。

基于齐次理论及开关函数的嵌套方法，Levant 首次提出任意阶滑模算法[139]：

$$\begin{aligned}
&N_{1,r}=|s|^{(r-1)/r}\\
&N_{i,r}=(|s|^{p/r}+|\dot{s}|^{p/(r-1)}+\cdots+|s^{(i-1)}|^{p/(r-i+1)})^{(r-i)/p}\\
&N_{r-1,r}=(|s|^{p/r}+|\dot{s}|^{p/(r-1)}+\cdots+|s^{(r-1)}|^{p/2})^{1/p}\\
&\phi_{0,r}=s\\
&\phi_{1,r}=\dot{s}+\beta_1 N_{1,r}\mathrm{sign}(s)\\
&\phi_{i,r}=s^{(r-1)}+\beta_i N_{i,r}\mathrm{sign}(\phi_{i-1,r}),\quad i=1,\cdots,r-1,
\end{aligned}$$

式中，$\beta_1,\cdots,\beta_{r-1}$ 为适当选择的正数。

引理[139]3.6　系统（3-19）关于滑模变量 $s(\boldsymbol{x})$ 的相对阶为 r 且满足假设（3-21）。另外，假定系统（3-19）是 Fillipov 意义下弱最小相位的，当参数 $\beta_1,\cdots,\beta_{r-1}$ 选取适当的正值时，控制律

$$u=-\alpha\bullet\mathrm{sign}(\phi_{r-1,r}(s,\dot{s},\cdots,s^{(r-1)})) \tag{3-22}$$

可保证 r 阶滑模在有限时间内建立，收敛时间是关于初始条件的局部有界函数。

该算法在暂态过程中存在抖动，因此 Levant 又提出准连续高阶滑模算法[141]。然而，其他学者则根据非线性系统高阶控制问题等价于有不确定扰动的高阶输入输出系统的稳定问题，提出基于固定时间优化稳定[142,143]及齐次有限时间稳定的高阶滑模算法[144]。这类算法分为两步：首先选择有限时间收敛算法迫使标称系统稳定，其次利用积分滑模抑制不确定扰动。

3.3 基于低通滤波器的自适应高阶滑模控制方法

Levant[141]虽提出较强鲁棒性任意阶和准连续高阶滑模算法，但对控制器中参数选择没有给出方案。Laghrouche 等[142]则基于积分滑模设计高阶滑模算法,并对参数选择给出理论分析,但在控制器的构造中初值的求解不易。Defoort 等[144]根据几何齐次性与积分滑模构造多输出多输出高阶滑模算法。该方法易于设计，但没有分析系统的暂态收敛性能。此外，自适应律与高阶滑模结合也成为趋势。Shtessel 等[137]根据增益自适应律与超螺旋滑模算法设计自适应二阶滑模算法,并将其应用于电机驱动中。基于滤波器的等效控制，Utkin 与 Poznyak[138]提出尽可能小增益的自适应滑模算法，同样利用其构建自适应超螺旋滑模算法。针对这些算法的优缺点，本节提出一种新的自适应高阶滑模算法。

首先考虑非线性不确定系统（3-19）及滑模变量的高阶输入输出不确定系统（3-20），除满足假设 3.1～3.3 外，还对其光滑函数 $a(t,\boldsymbol{x})$ 和 $b(t,\boldsymbol{x})$ 做如下描述。

假设 3.4 不确定有界函数 $a(t,\boldsymbol{x})$ 和 $b(t,\boldsymbol{x})$ 可表示为

$$\begin{cases} a(\boldsymbol{x}) = \bar{a}(\boldsymbol{x}) + \Delta a(\boldsymbol{x}) \\ b(\boldsymbol{x}) = \bar{b}(\boldsymbol{x}) + \Delta b(\boldsymbol{x}) \end{cases} \tag{3-23}$$

式中，$\bar{a}(t,\boldsymbol{x})$ 和 $\bar{b}(t,\boldsymbol{x})$ 是已知的标称部分，$\Delta a(t,\boldsymbol{x})$ 和 $\Delta b(t,\boldsymbol{x})$ 则指不确定有界函数。此外，为便于设计控制律，函数 $a(t,\boldsymbol{x})$ 和 $b(t,\boldsymbol{x})$ 的确定部分与不确定部分应满足以下不等式：

$$\begin{gathered} \left|\Delta b(\boldsymbol{x})\bar{b}^{-1}(\boldsymbol{x})\right| \leqslant 1-\beta^*,\ \left|\Delta a(\boldsymbol{x}) - \Delta b(\boldsymbol{x})\bar{b}^{-1}(\boldsymbol{x})\bar{a}(\boldsymbol{x})\right| \leqslant \bar{\rho}(\boldsymbol{x}), \\ \left|\frac{\partial}{\partial t}\left(\frac{\Delta a(\boldsymbol{x}) - \Delta b(\boldsymbol{x})\bar{b}^{-1}(\boldsymbol{x})\bar{a}(\boldsymbol{x})}{1+\Delta b(\boldsymbol{x})\bar{b}^{-1}(\boldsymbol{x})}\right)\right| < \phi_0,\ \left|\frac{\partial}{\partial t}\left(\frac{\Delta b(\boldsymbol{x})\bar{b}^{-1}(\boldsymbol{x})}{1+\Delta b(\boldsymbol{x})\bar{b}^{-1}(\boldsymbol{x})}\right)\right| < \phi_1 \end{gathered} \tag{3-24}$$

式中，$\boldsymbol{x} \in \Omega \subset \Re^n$。

采用如下基本反馈控制律

$$u=\bar{b}^{-1}(\boldsymbol{x})(-\bar{a}(\boldsymbol{x})+w) \tag{3-25}$$

式中，$w\in\Re$ 为应该建立的控制律，该方法最终将作用于微分方程（3-20）。反馈控制律部分解耦标称系统，将式（3-23）和式（3-25）应用于不确定系统（3-20）可得

$$y^{(r)}=s^{(r)}=(1+\Delta b(\boldsymbol{x})\bar{b}^{-1}(\boldsymbol{x}))w-\Delta b(\boldsymbol{x})\bar{b}^{-1}(\boldsymbol{x})\bar{a}(\boldsymbol{x})+\Delta a(\boldsymbol{x}) \tag{3-26}$$

则关于滑模变量 $s(t,\boldsymbol{x})$ 的 r 阶高阶滑模稳定系统等价于下面不确定非线性系统

$$\begin{cases}\dot{z}_1=z_2\\ \quad\vdots\\ \dot{z}_{r-1}=z_r\\ \dot{z}_r=(1+\Delta b(\boldsymbol{x})\bar{b}^{-1}(\boldsymbol{x}))w-\Delta b(\boldsymbol{x})\bar{b}^{-1}(\boldsymbol{x})\bar{a}(\boldsymbol{x})+\Delta a(\boldsymbol{x})\end{cases} \tag{3-27}$$

式中 $z_i=s^{(i-1)}$ 和 $1\leqslant i\leqslant r-1$。

对系统（3-19）的自适应高阶滑模控制器的设计分两步：第一步，即标称或理想控制，是连续有限时间收敛控制律，保证系统状态可跟踪参考轨迹；第二步，即补偿控制，是不连续控制器，能够抑制系统的不确定扰动及保证 r 阶滑模的建立。

3.3.1　标称控制器的设计

考虑无扰动的系统（3-26），这部分可用单输入单输出积分链表示

$$\begin{cases}\dot{z}_1=z_2\\ \quad\vdots\\ \dot{z}_{n-1}=z_n\\ \dot{z}_n=w_{\text{nom}}\end{cases} \tag{3-28}$$

其中为便于表述，将下标 r 换为 n。控制目的是迫使系统（3-28）的状态在有限时间内到达 $z_1=0$。该问题根据向量场的负齐次度概念[129]得以解决，即上节中引理 2.4。但在本节，基于前者的研究，提出新的有限时间稳定方法。

定理 3.1　假设存在正常数 $k_1,k_2,\cdots,k_n$，使得多项式 $p^n+k_np^{n-1}+\cdots+$

$k_2 p+k_1$ 是 Hurwitz 稳定的，存在 $\alpha^* \in (0,1)$，使得对每个 $v\in(1-\alpha^*,1)$，在如下反馈控制律作用下，系统可在有限时间内稳定到原点

$$u=-k_n(\mathrm{sig}^{v_n}(z_n)+z_n)-k_{n-1}(\mathrm{sig}^{v_{n-1}}(z_{n-1})+z_{n-1})-\cdots-k_1(\mathrm{sig}^{v_1}(z_1)+z_1) \tag{3-29}$$

式中，$\mathrm{sig}(z_j)^{v_j}=|z_j|^{v_j}\bullet\mathrm{sign}(z_j)$；$v_1,v_2,\cdots,v_n$ 为常系数且满足

$$v_{j-1}=\frac{v_j v_{j+1}}{2v_{j+1}-v_j},\ v_{n+1}=1,\ v_n=v,\ \ j=2,\cdots,r \tag{3-30}$$

证明：令 $f_n(\boldsymbol{z})=-k_n\,\mathrm{sig}^{v_n}(z_n)-\cdots-k_1\,\mathrm{sig}^{v_1}(z_1)$ 和 $\hat{f}_n(\boldsymbol{z})=-k_n z_n-\cdots-k_1 z_1$，其中 $\boldsymbol{z}=[z_1\cdots z_n]^n$。根据引理 2.5，在控制律（3-29）下，积分链的闭环系统（3-28）可表示为

$$\dot{\boldsymbol{z}}=\boldsymbol{f}(\boldsymbol{z})+\hat{\boldsymbol{f}}(\boldsymbol{z}) \tag{3-31}$$

式中，$f_i(\boldsymbol{z})=z_{i+1}$，$\hat{f}_i(\boldsymbol{z})=0$（$i=1,\cdots,n-1$）。由引理 2.4 可知，相于欧拉向量场（2-64），$\boldsymbol{f}(\boldsymbol{z})$ 是齐次度为 $v^*=(v-1)/v$ 的向量场，即

$$\boldsymbol{v}_v=\frac{1}{v_1}z_1\frac{\partial}{\partial z_1}+\cdots+\frac{1}{v_n}z_n\frac{\partial}{\partial z_n},\quad r_j=\frac{1}{v_j},\ 1\leqslant j\leqslant n \tag{3-32}$$

式中，$v_1,\cdots,v_n$ 满足（3-30）。原点 $\boldsymbol{z}=\boldsymbol{0}$ 是系统 $\dot{\boldsymbol{z}}=\boldsymbol{f}(\boldsymbol{z})$ 的渐近（有限时间）稳定平衡点。此外，$\hat{\boldsymbol{f}}(\boldsymbol{z})$ 满足 $\hat{\boldsymbol{f}}(\boldsymbol{z})=\boldsymbol{0}$。

根据引理 2.5 可得

$$\lim_{\varepsilon\to 0}\frac{\hat{f}_i(\boldsymbol{\delta}_\varepsilon^r(\boldsymbol{z}))}{\varepsilon^{v^*+r_i}}=0 \tag{3-33}$$

对于 $i=1,\cdots,n-1$ 成立。其次，鉴于（3-30）关系式可表示为

$$\frac{1}{v_{i-1}}-\frac{1}{v_i}=\frac{1}{v_i}-\frac{1}{v_{i+1}}=\frac{1-v}{v} \tag{3-34}$$

对 $\hat{f}_n(\boldsymbol{z})$ 进行分析可得

$$\begin{aligned}\lim_{\varepsilon\to 0}\frac{\hat{f}_n(\boldsymbol{\delta}_\varepsilon^r(\boldsymbol{z}))}{\varepsilon^{v^*+r_n}}&=-\lim_{\varepsilon\to 0}(\varepsilon^{r_1-r_n-\alpha^*}k_1 z_1+\varepsilon^{r_2-r_n-\alpha^*}k_2 z_2+\cdots+\varepsilon^{-\alpha^*}k_n z_n)\\&=-\lim_{\varepsilon\to 0}(\varepsilon^{-n\alpha^*}k_1 z_1+\varepsilon^{-(n-1)\alpha^*}k_2 z_2+\cdots+\varepsilon^{-\alpha^*}k_n z_n)\\&=0\end{aligned} \tag{3-35}$$

由此可知原点 $\boldsymbol{z}=\mathbf{0}$ 是系统（3-28）的局部有限时间平衡点。同时，系统（3-28）是全局渐近稳定的，即系统（3-28）在控制律（3-29）作用下是全局有限时间稳定的。

上述控制律的设计基于有限时间分离准则，针对系统（3-28），当积分链系统状态远离原点时，控制器（3-29）中渐近收敛部分起主导作用。但当靠近原点时，有限时间稳定部分主要迫使系统状态收敛，在两者共同作用下控制律（3-29）比（2-69）具有更好暂态性能及更短的收敛时间。但对于高阶齐次系统的收敛时间却不易求解，因此关于稳定时间的调节也是本领域的一个难点。根据控制律的构建过程，可以获得如下关于收敛率的结论。

推论 3.1　假设 $\xi_1,\cdots,\xi_n$ 和 $\xi'_1,\cdots,\xi'_n$ 分别是引理 2.4、定理 3.1 中 Hurwitz 稳定方程 $p^n+k_n p^{n-1}+\cdots+k_2 p+k_1=0$ 和 $p^n+k'_n p^{n-1}+\cdots+k'_2 p+k'_1=0$ 的根，如果不等式 $\min\{|\mathrm{Re}(\xi_1)|,\cdots,|\mathrm{Re}(\xi_n)|\}>\min\{\mathrm{Re}(\xi'_1),\cdots,\mathrm{Re}(\xi'_n)\}$ 成立，则积分链系统(3-28)的收敛时间 $T(\boldsymbol{z}_0)<T'(\boldsymbol{z}_0)$，其中 z_0 表示 $\boldsymbol{z}=[z_1,\cdots,z_n]^{\mathrm{T}}$ 在 $t=t_0$ 时刻的值，$|\mathrm{Re}(\bullet)|$ 代表复数实部的绝对值。

推论 3.1 给出一种提高收敛率的方法，但是要注意其控制器系数 $k_1,k_2,\cdots,k_n$ 的选择不能使其稳定多项式的根的虚部太大，否则积分链系统在控制器（3-29）或（2-69）的作用下会出现稳态振荡。但扩张系数 $v_1,v_2,\cdots,v_n$ 的选择对其稳定时间却无太大影响。

评注 3.1　在文献［145］中，提出了相似算法，但其证明及分析过程不严谨，并且声明的算法优点也不尽合理，可采用上述方法找出反例。

3.3.2　基于低通滤波器的自适应高阶滑模控制方法

为了抑制扰动及保证实现控制目标，定义以下控制律

$$\begin{cases}w(\boldsymbol{z})=w_{\mathrm{nom}}(\boldsymbol{z})+w_{\mathrm{disc}}(\boldsymbol{z},z_{\mathrm{aux}})\\ \dot{z}_{\mathrm{aux}}=-w_{\mathrm{nom}}(\boldsymbol{z}(t))\end{cases}\tag{3-36}$$

式中，$z_{\mathrm{aux}}\in\mathfrak{R}$ 是在滑模面设计中的辅助函数；$w_{\mathrm{disc}}\in\mathfrak{R}$ 为不连续函数。标称控制律 $w_{\mathrm{nom}}\in\mathfrak{R}$ 的设计在定理 3.1 中已给出，现在针对切换控制项 w_{disc} 的

构造，首先定义积分滑模

$$S(z(t)) = z_n(t) - z_n(t_0) + z_{\text{aux}} \tag{3-37}$$

滑模变量（3-37）的导数可表示为

$$\begin{aligned}\dot{S} &= (1+\Delta b\overline{b}^{-1})w_{\text{disc}} + \Delta b\overline{b}^{-1}w_{\text{nom}} + \Delta a - \Delta b\overline{b}^{-1}\overline{a} \\ &= (1+\Delta b\overline{b}^{-1})[\boldsymbol{\Phi}(t,z) + w_{\text{disc}}]\end{aligned} \tag{3-38}$$

式中，$\boldsymbol{\Phi}(t,\boldsymbol{x}(t),z) = \boldsymbol{\Phi}(t,z) = (\Delta b\overline{b}^{-1}w_{\text{nom}} + \Delta a - \Delta b\overline{b}^{-1}\overline{a})(1+\Delta b\overline{b}^{-1})^{-1}$。自适应补偿不连续控制如下

$$w_{\text{disc}} = -k(t) \bullet \text{sign}(S(t,z)) \tag{3-39}$$

为寻找尽可能小的开关增益，选择如下自适应算法

$$\dot{k}(t) = \rho_0 k(t)\text{sign}(\delta(t)) - M[k(t) - k^+]_+ + M[k_- - k(t)]_+ \tag{3-40}$$

$$\delta := \left|[\text{sign}(S(t,z))]_{eq}\right| - \alpha_0\text{ , }\alpha_0 \in (0,1) \tag{3-41}$$

$$k_- > \frac{1}{\beta^*}[(1-\beta^*)\left|w_{\text{nom}}\right| + \rho(x)] \tag{3-42}$$

$$[x]_+ := \begin{cases}1 & if\ \ x \geqslant 0 \\ 0 & if\ \ x < 0\end{cases}\text{ , }M > \gamma_0 k^+\text{ , }\gamma_0 > 0 \tag{3-43}$$

此自适应律保证增益 $k(t)$ 在范围 $[k_-, k^+]$ 内变化，其中 $k^+ > k_- > 0$ 为预先设定 $k(t)$ 的最大及最小值。相对自适应律（3-40），滑模变量在有限时间内将会到达滑模面。如果滑动模态没有发生，则 $\left|[\text{sign}(S(t,z))_{eq}]\right| = 1$ 将导致 $\delta > 0$，开关增益将会一直增加直至到达最大值 k^+ 以便迫使滑模变量到达滑模面 $S(t,z) = 0$。因此，等效控制可被分段函数取代

$$[\text{sign}(S(t,z))]_{eq} = \begin{cases}\dfrac{\boldsymbol{\Phi}(t,z)}{k(t)}, & S(t,z) = 0 \\ \text{sign}(S(t,z)), & S(t,z) \neq 0\end{cases} \tag{3-44}$$

在自适应律（3-40）至（3-43）的应用中，函数 $[\text{sign}(S(t,z))]_{eq}$ 可通过开关函数的低通滤波器 $\tau_0\dot{\delta}' + \delta' = \text{sign}(S(t,z))$ $(\delta'(0) = 0)$ 获得，其中 $\tau_0 > 0$ 是与开关频率有关的常数。

定理 3.2 考虑非线性系统（3-27）且满足假设 3.1 至假设 3.4，控制律

$$u = \bar{b}^{-1}[-\bar{a} + w_{\text{nom}}(\boldsymbol{z}) + w_{\text{disc}}(\boldsymbol{z}, z_{\text{aux}})] \tag{3-45}$$

可保证对 $s(t,\boldsymbol{x})$ 的高阶滑模在有限时间 $T(t,\boldsymbol{z}_0)$ 内收敛到原点。其中，新的滑模变量在时刻 $t_1 = \theta_0^{-1}|S(0)|$（$\theta_0 := k\_\beta^* - \rho(\boldsymbol{x}) - (1-\beta^*)|w_{\text{nom}}|$）到达滑模面。式中 $w_{\text{nom}}(t,z)$ 与 $w_{\text{disc}}(t,z)$ 分别由方程（3-29）和（3-39）确定。同时，存在 $\theta_1 := \alpha_0\gamma_0 - k_-^{-1}\phi_0 > 0$ 保证自适应过程在有限时间内结束。

证明：第一步，滑动模态没有发生时，考虑下面 Lyapunov 函数

$$V_0 = \frac{1}{2}S(t,\boldsymbol{z})^2 \tag{3-46}$$

求导得

$$\begin{aligned}
\dot{V}_0 &= s(t,z)\dot{s}(t,z) \\
&= s(t,z)[(1+\Delta b\bar{b}^{-1})w_{\text{disc}} + \Delta b\bar{b}^{-1}w_{\text{nom}} + \Delta a - \Delta b\bar{b}^{-1}\bar{a}] \\
&\leqslant |s(t,z)|[\rho(x) + (1-\beta^*)|w_{\text{nom}}| - k(t)(1+\Delta b\bar{b}^{-1})] \\
&\leqslant -|s(t,z)|[k_\beta^* - \rho(x) - (1-\beta^*)|w_{\text{nom}}|] \\
&= -\theta_0\sqrt{2}V_0^{1/2}
\end{aligned} \tag{3-47}$$

根据（3-42）和（3-44），系统轨迹可在有限时间 $t_1 = \theta_0^{-1}|s(0,z_0)|$ 内收敛到滑模面 $\{\boldsymbol{x}\in\Omega : S(t,\boldsymbol{z}) = 0\}$ 上。

第二步，鉴于（3-41）和（3-44），考虑新的 Lyapunov 函数

$$V_1(\delta) = \frac{1}{2}\delta^2 \tag{3-48}$$

假设导数 $|[\text{sign}(S(t,\boldsymbol{z}))]_{eq}|$ 存在及在自适应未发生之前 $|\boldsymbol{\Phi}(t,\boldsymbol{z}(t))|/k(t) > \alpha_0$ 成立。求 $V_1(\delta)$ 一阶导数，可得

$$\begin{aligned}
\dot{V}_1(\delta) &= \delta\frac{\mathrm{d}}{\mathrm{d}t}\left[\frac{|\boldsymbol{\Phi}(t,z)|}{k(t)} - \alpha_0\right] \\
&= \delta\left\{k(t)^{-1}\left[\frac{\partial}{\partial z^T}\boldsymbol{\Phi}(t,z)\big(\boldsymbol{\Psi} + \boldsymbol{\Gamma}\bullet w_{\text{disc}}\big) + \frac{\partial}{\partial t}\boldsymbol{\Phi}(t,z)\right]\text{sign}(\boldsymbol{\Phi}(t,z))\right. \\
&\quad \left. - |\boldsymbol{\Phi}(t,z)|\frac{\gamma_0 k(t)\text{sign}(\delta(t)) - M[k(t)-k^+]_+ + M[k_- - k(t)]_+}{k(t)^2}\right\}
\end{aligned} \tag{3-49}$$

式中，

$$\gamma_*(t,x):=1+\Delta b(x)\bar{b}^{-1}(x)\text{；}\quad \varGamma(t,z):=\Big[\underbrace{0,\cdots,0}_{n-1},\gamma_*\Big]^T\text{，}$$

$$\varPsi(t,z):=[z_2,\cdots z_n,\Delta a-\Delta b\bar{b}^{-1}\bar{a}+\gamma_* w_{\text{nom}}(z)]^T\text{，}$$

$$\varPhi_z'(t,z):=\frac{\partial}{\partial z^T}\varPhi(t,z)=-\Delta b\bar{b}^{-1}\gamma_*^{-1}[k_1(1+\alpha_1|z_1|^{\alpha_1-1}),\cdots,k_n(1+\alpha_n|z_n|^{\alpha_n-1})]\text{。}$$

根据自适应算法（3-40）至（3-43），增益$k(t)$在范围$[k_-,k^+]$内变化。因此，除端点的k_-和k^+外，自适应律（3-40）应为$\dot{k}(t)=\gamma_0 k(t)\operatorname{sign}(\delta(t))$。将式（3-45）和式（3-44）代入式（3-49）得

$$\begin{aligned}\dot{V}_1(\delta)\leqslant&|\delta|\left\{k(t)^{-1}\left[\left\|\frac{\partial}{\partial z^T}\varPhi(t,z)\right\|(\|\varPsi\|+\|\varGamma\bullet w_{\text{disc}}\|)+\left|\frac{\partial}{\partial t}\varPhi(t,z)\right|\right]\right\}\\&-|\delta||\varPhi(t,z)|\frac{\gamma_0}{k(t)}\\\leqslant&|\delta|k_-^{-1}\frac{1-\beta^*}{\beta^*}\left[\left(\sum_{i=2}^n z_i^2\right)^{1/2}+\left|\Delta a-\Delta b\bar{b}^{-1}\bar{a}+\gamma_* w_{\text{nom}}(z)\right|\right]\bullet\\&\left[\sum_{i=1}^n(k_i\alpha_i\,|\,z_i\,|^{\alpha_i-1}+k_i)^2\right]^{1/2}+|\delta|k(t)^{-1}\left[\sum_{i=1}^n(k_i\alpha_i\,|\,z_i\,|^{\alpha_i-1}+k_i)^2\right]^{1/2}\bullet\\&\frac{1-\beta^*}{\beta^*}\bullet(2-\beta^*)k(t)+|\delta|k_-^{-1}\left|\frac{\partial}{\partial t}\varPhi(t,z)\right|-|\delta|\alpha_0\gamma_0\end{aligned}\tag{3-50}$$

现对其分情况讨论：当$t\in[t_*,T(z_0)]$，条件$z_i(t)\neq0\ (i=1,\cdots,n)$满足。其中，$t=t_*\leqslant t_1$指新的滑模变量$S(t,z)$到达滑模面的时间，$T(z_0)$指滑模变量及其各阶导数的稳定时间。不等式（3-50）可表示为

$$\begin{aligned}\dot{V}_1(\delta)\leqslant&|\delta|k_-^{-1}\left[\sum_{i=1}^n(k_i\alpha_i|z_i|^{\alpha_i-1}+k_i)\right][\|z\|+\rho(x)+(2-\beta^*)|w_{\text{nom}}(z)|]\bullet\\&\frac{1-\beta^*}{\beta^*}+|\delta|\frac{1-\beta^*}{\beta^*}\left[\sum_{i=1}^n(k_i\alpha_i|z_i|^{\alpha_i-1}+k_i)\right](2-\beta^*)+\\&(|w_{\text{nom}}|\phi_1+\phi_0)\bullet|\delta|\bullet k_-^{-1}-|\delta|\alpha_0\gamma_0\end{aligned}\tag{3-51}$$

最后得

$$\dot{V}_1(\delta)\leqslant-|\delta|\theta_1'=-\theta_1'\sqrt{2V_1(\delta)}\tag{3-52}$$

式中，

$$\theta_1' := \alpha_0\gamma_0 - \frac{1-\beta^*}{\beta^*}\{k_-^{-1}[\|z\| + \rho(x) + (2-\beta^*)|w_{\text{nom}}(z)|] + (2-\beta^*)\}\cdot$$
$$\left[\sum_{i=1}^{n}(k_i\alpha_i|z_i|^{\alpha_i-1} + k_i)\right] - k_-^{-1}(|w_{\text{nom}}|\phi_1 + \phi_0) > 0 \tag{3-53}$$

根据（3-52）可知自适应过程在有限时间 $t_f = \theta_1'^{-1}|\delta(t_*)|$ 内结束。然而，假如上述条件不成立，参数将很难选择。然而，根据定理 3.1 及定理证明第一部分可得滑模变量及其导数可在有限时间 $T(z_0)$ 内收敛到原点。当 $t > T(z_0)$ 时，$z = \mathbf{0}$ 和 $\Phi_z'(t,z) = 0$ 成立，因此

$$\dot{V}_1(\delta) \leqslant |\delta|k_-^{-1}\phi_0 - |\delta|\alpha_0\gamma_0 = -\theta_1|\delta| \tag{3-54}$$

式中，$\theta_1 = \alpha_0\gamma_0 - k_-^{-1}\phi_0 > 0$。这意味着自适应过程将会在时间间隔 $t_f = \theta_1^{-1}$ $|\delta(T(z_0))|$ 以后结束。根据以上分析，自适应过程在有限时间内实现。

评注 3.2　假如存在的参数与初始条件 z_0 和 $w_{\text{nom}}(z_0)$ 接近，自适应方法的参数可根据（3-53）选择。然而，基于（3-54）的进行的参数选取，相应的自适应收敛过程将滞后。

评注 3.3　在文献［138］中，对于滑动模态发生前的分析进行忽略是不合理的，基于等效控制（3-44）导致不同的结论。定理证明的第二步仅用于对于自适应过程的分析及对稳定时间的估计，所以不会影响控制器（3-29）的连续性。

3.4　基于增益自适应的高阶滑模控制方法研究

基于最小可能小切换增益的概念，在 Huang 等方法（3-10）的基础上提出新的自适应滑模算法

$$\dot{k}(t) = \begin{cases} \gamma_0(|S(t,z)| + \gamma_1)^{1/\gamma_2}\operatorname{sign}(S(t,z) - \varepsilon_*) & if\ k > k_m \\ k_m & if\ k \leqslant k_m \end{cases},\quad \varepsilon_* = 2T_e k(t) \tag{3-55}$$

式中，$\gamma_0 > 0$、$\gamma_1 \geqslant 0$、$\gamma_2 \geqslant 1$、$k_m > 0$，T_e 指采样时间。如果不确定扰动的上界已知，并且希望保证增益在范围内变化，自适应增益可修改为

$$\dot{k}(t)=\gamma_0(|S(t,z)|+\gamma_1)^{1/\gamma_2}\operatorname{sign}(S(t,z)-\varepsilon_*)-M[k(t)-k^+]_+ +M[k_- -k(t)]_+ \tag{3-56}$$

注意 k^+ 应该大于扰动的上界，并且 $k_- \approx k_m$ 与 γ_1 为较小正常数。与动态搜寻最小可能不连续增益值的算法（3-40）至（3-43）相比，该方法更加简洁实用。

定理 3.3 当控制算法（3-36）、（3-29）和（3-39）及自适应律（3-55）迫使设有滑模变量（3-37）的系统（3-27）稳定时，针对切换增益 $k(t)$，存在一个正常数使得 $k(t)\leqslant k^*$, $\forall t>0$。

为讨论与证明需要，并且不失一般性，假设 $k>k_m$ 对于 $t>0$。另外假设 $|s(z,t)|>\varepsilon_*$，这在起始时间是合理的，因此 $k(t)$ 将会增加及存在一个时间间隔 t_1 以致 $k(t)$ 能足够抑制不确定扰动的影响。鉴于（3-27）和（3-37），可选择以下 Lyapunov 函数

$$V_2=\frac{1}{2}S(t,z)^2 \tag{3-57}$$

考虑上述假设条件，（3-57）的一阶导数为

$$\begin{aligned}\dot{V}_2&=s(t,z)\dot{s}(t,z)\\&=s(t,z)[(1+\Delta b\bar{b}^{-1})w_{\text{disc}}+\Delta b\bar{b}^{-1}w_{\text{nom}}+\Delta a-\Delta b\bar{b}^{-1}\bar{a}]\\&\leqslant|s(t,z)|[\rho(x)+(1-\beta^*)|w_{\text{nom}}|-k(t)(1+\Delta b\bar{b}^{-1})]\\&\leqslant-|s(t,z)|[k(t)\beta^*-\rho(x)-(1-\beta^*)|w_{\text{nom}}|]\end{aligned} \tag{3-58}$$

从上式可知存在一个正常数 θ_2 使得 $k(t)\beta^*-\rho(x)-(1-\beta^*)|w_{\text{nom}}|>\theta_2$ 成立，所以新滑模面可在有限时间 t_2 内到达实滑模面 $\{\boldsymbol{x}\in\Omega:|S(t,z)|<\varepsilon_*\}$。此时，$k(t)$ 会达到一个有界值。在时间 t_2 后，$k(t)$ 开始减小直到它不能抑制扰动。因系统不稳定，$|S(t,z)|$ 将大于 ε_* 并导致 $k(t)$ 不断增加，此种情形与开始分析时类似，整个过程会反复进行。总之，存在一个正常数 k^* 使得 $k(t)\leqslant k^*$，$\forall t>0$。

定理 3.4 考虑非线性不确定系统（3-19）并满足假设 3.1～假设 3.4，控制方法（3-25）、（3-29）、（3-39）和自适应律（3-55）可使相对 $s(t,\boldsymbol{x})$ 的高阶滑模在有限时间内建立。

证明：实际应用中，在起始时刻不等式$|S(0,\mathbf{0})| \gg \varepsilon_*$是成立的，因此可假设$|s(t,z)| > \varepsilon_*$。选 Lyapunov 函数为

$$V_3 = \frac{1}{2}S(t,z)^2 + \frac{1}{2}(k-k^*)^2 \tag{3-59}$$

式中，k^*为增益$k(t)$的上界。对V_3直接微分得

$$\begin{aligned}\dot{V}_3 &= s\dot{s} + \gamma_0(|s(z,t)|+\gamma_1)^{1/\gamma_2}(k(t)-k^*) \\ &= s[(1+\Delta b\overline{b}^{-1})w_{\text{disc}} + \Delta b\overline{b}^{-1}w_{\text{nom}} + \Delta a - \Delta b\overline{b}^{-1}\overline{a}] + \\ &\quad \gamma_0(|s(z,t)|+\gamma_1)^{1/\gamma_2}(k(t)-k^*) \\ &\leqslant -|s(t,z)|[k(t)\beta^* - \rho(x) - (1-\beta^*)|w_{\text{nom}}|] - \gamma_0(|s(z,t)|+\gamma_1)^{1/\gamma_2}|k(t)-k^*|\end{aligned} \tag{3-60}$$

存在$\theta_2 > 0$使得$-k(t)\beta^* + \rho(x) + (1-\beta^*)|w_{\text{nom}}| < -\theta_2$成立，所以

$$\begin{aligned}\dot{V}_3 &\leqslant -\theta_2|s| - \gamma_0(|s(z,t)|+\gamma_1)^{1/\gamma_2}|k(t)-k^*| \\ &\leqslant -\theta_2|s| - \gamma_0(\varepsilon_*+\gamma_1)^{1/\gamma_2}|k(t)-k^*| \\ &\leqslant -\min(\sqrt{2}\theta_2, \sqrt{2}\gamma_0(\varepsilon_*+\gamma_1)^{1/\gamma_2})\left(\frac{s^2}{2} + \frac{(k(t)-k^*)^2}{2}\right)^{1/2} \\ &= -\sqrt{2}\theta_3 V_3^{\frac{1}{2}}\end{aligned} \tag{3-61}$$

式中，$\theta_3 = \min(\theta_2, \gamma_0(\varepsilon_*+\gamma_1)^{1/\gamma_2})$。因此，在有限时间$t_F = \sqrt{2}\theta_3^{-1}V_3(s(0), k(0))^{1/2}$后，新滑模变量将到达收敛域$|S(t,z)| \leqslant \varepsilon_*$。故相对$s(t,z)$的高阶滑模在有限时间内可建立。

当$|S(t,z)| < \varepsilon_*$时，基于自适应算法（3-55）切换增值$k(t)$将会减小，然后V的导数将会符号不确定。因此不能得出闭环系统稳定的结论。在这种情况下，新的滑模变量可增加超过ε_*。一旦$|S(t,z)|$大于ε_*，条件（3-60）和（3-61）满足，所以滑模变量$S(t,z)$将会再次到达实滑模域$|S(t,z)| < \varepsilon_*$。如此反复，最终新滑模变量将会保持在比实滑模域略大的收敛域$|S(t,z)| < \delta'$ $(\delta' > \varepsilon_*)$内，所以高阶滑模在实滑模意义下可建立。

评注 3.4　自适应方法（3-55）同样可减小$k(t)$至尽可能小值并保持高阶滑模建立。另外该算法不必事先获得不确定的上界，排除了方法（3-40）至

（3-43）中低通滤波器参数不易调节的缺点。

评注 3.5 如果希望保持开关增益$k(t)$在一定范围内，并且已知不确定的上界，可在定理 3.7 中将式（3-55）换为式（3-56）。注意$k^* = k^+$已设定，则定理 3.7 的证明与上面相似，这里不再赘言。

评注 3.6 高阶滑模控制算法应用中，原滑模变量及其导数可通过鲁棒精确有限时间收敛微分器[140]来估计。假如测量噪声对输出信号（滑模变量）影响较小，也可不采用微分器[142]，将上述算法直接应用来解决问题。

3.5 仿真结果与分析

为验证所提出的自适应高阶滑模控制方法，考虑如下受扰动影响的非线性三阶积分链系统

$$\begin{cases}\dot{z}_1 = z_2 \\ \dot{z}_2 = z_3 \\ \dot{z}_3 = w + p(z,t)\end{cases} \tag{3-62}$$

式中$p(z,t) \in \Re$为有界扰动。首先，假设$p(z,t) = 0$来验证明定理 3.2 控制器的性能，其中参数与文献［130，144］中的相同，分别为$k_3 = 1.5$、$k_2 = 1.5$、$k_1 = 1$及$v = 3/4$。在控制器参数相同条件下，从图 3-2 与图 3-1 中可以清楚看出在定理 3.7 中控制器作用下系统状态的收敛时间与引理 2.6 中控制器相比明显减小，分别为 9.87 s 和 15.43 s。其次，验证推论 3.1 中控制器参数变化对系统状态稳定时间的影响。控制器（2-69）中参数分别设定为$k_3 = 1.5$、$k_2 = 2$、$k_1 = 1$、$v = 3/4$和$k_3 = 1.5$、$k_2 = 1.5$、$k_1 = 1$、$v = 4/5$，系统状态响应如图 3-3 和图 3-4 所示，稳定时间分别为 10.34 s 与 15.64 s。其中，Hurwitz 多项式实根分别为$-2/3$和$-1/2$，根据图 3-3 和图 3-1 可得出根的实部绝对值越大相应的收敛时间越短。另外，从图 3-1 和图 3-4 可看出，改变控制器（2-69）中参数v对系统状态的稳定时间影响不大。

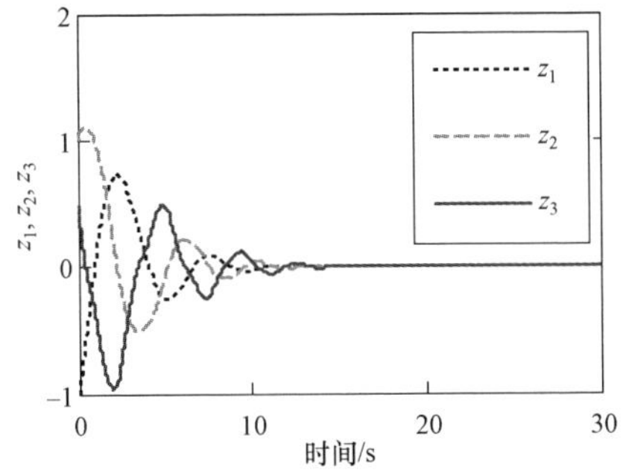

图 3-1　控制器（2-69）作用下状态变化趋势

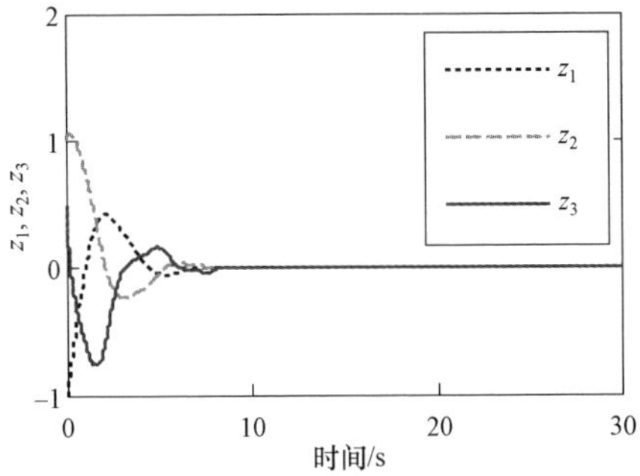

图 3-2　控制器（3-29）作用下状态变化趋势

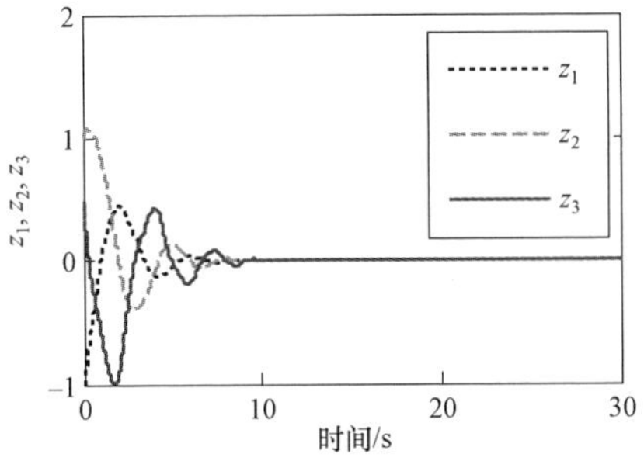

图 3-3　调节式（2-69）中 k_1, k_2, k_3 的系统状态

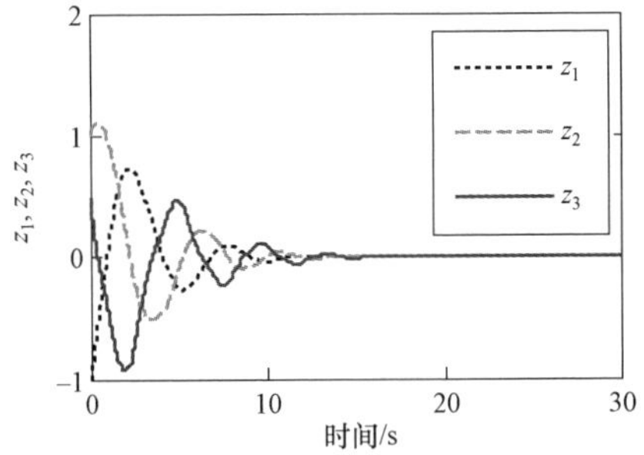

图 3-4　调节式（2-69）中 v 的系统状态曲线

当 $p(z,t)=3\cos(t)-\sin(10\bullet z_1)$ 时，可测试高阶滑模算法对以滑模为变量的不确定非线性系统的控制效果。其中标称控制器采用式（3-29），参数设为 $k_3=1.5$， $k_2=2$， $k_1=1$， $v=3/4$。在定理 3.2 中基于滤波器的自适应开关控制器参数选择如下：$\rho_0=5$，$\alpha_0=0.95$，$k_-=0.05$，$k^+=10$，$k(0)=0.6$，$M=30$， $\tau_0=0.001$；在定理 3.3 中自适应动态增益切换项参数为 $\gamma_0=800$，$\gamma_1=0.002$， $\gamma_3=5/3$， $k_m=0.05$， $T_e=0.001$。此外，采用确定增益开关控制来对比增益的过度估计，参数设为 $G=5.5$。

从图 3-5 至图 3-10 可看出，如果标称控制器的参数及系统状态初值相同，在滑模变量收敛到滑模面的时间小于系统状态的稳定时间时，系统状态的收敛时间是相同的。在干扰影响下，自适应高阶滑模算法可保证系统的稳定，并且自适应增益随扰动变化，减小了对扰动的过高估计。对比图 3-8 与图 3-10，可看出基于低通滤波器及等效控制的自适应滑模方法虽然尽可能地减小切换项的增益，但与扰动绝对值还存在一定的偏差；然而，自适应动态增益律（3-55）却可保证增益实时跟踪扰动绝对值，效果明显优于自适应律（3-40）至（3-43）。

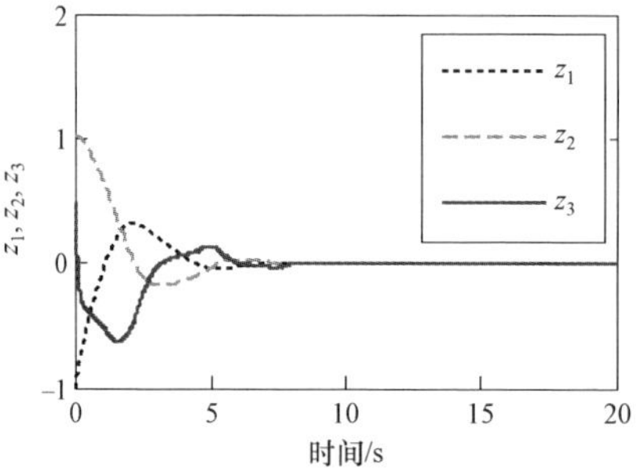

图 3-5　系统状态随时间变化曲线

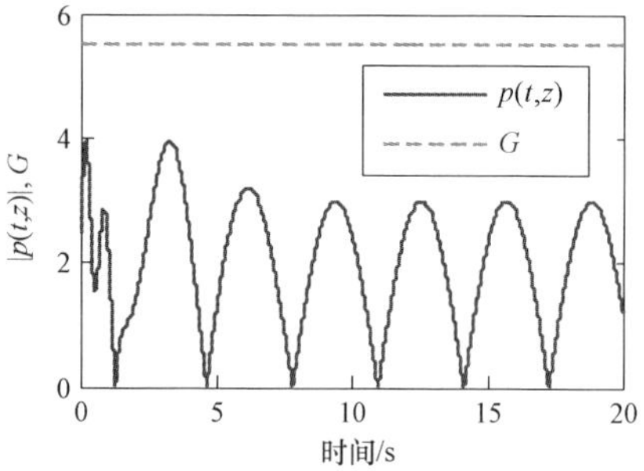

图 3-6　确定增益与扰动随时间变化曲线

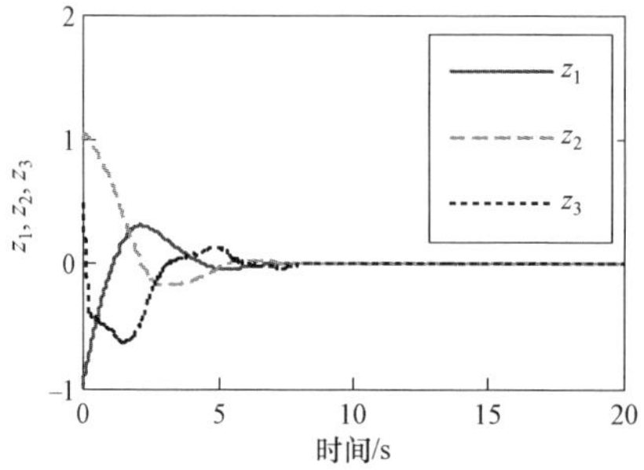

图 3-7　系统状态随时间变化曲线

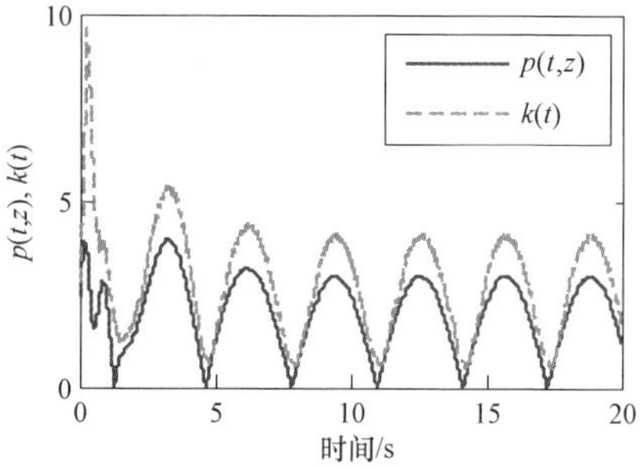

图 3-8　基于滤波器的增益与扰动变化曲线

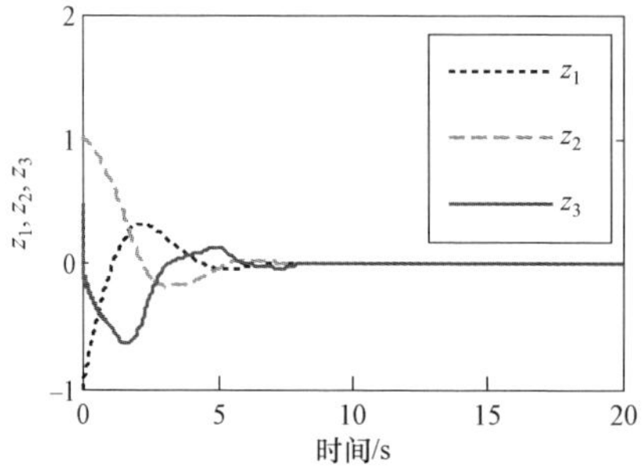

图 3-9　z_1, z_2, z_3 随时间变化曲线

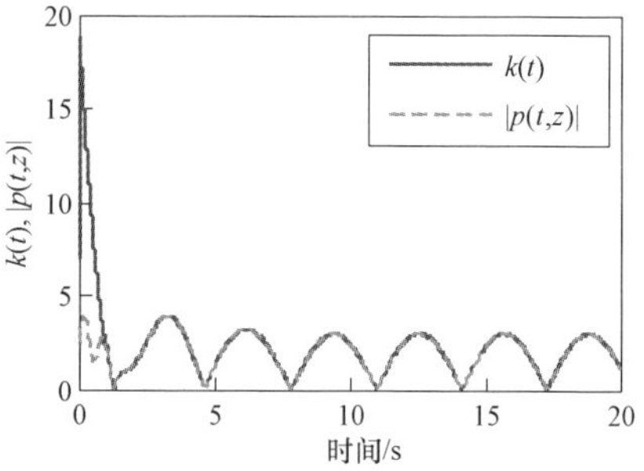

图 3-10　动态增益及扰动随时间变化曲线

为了对文献［138］中自适应滑模方法进行分析，采用文献的原例进行仿真，并且控制器参数除了 τ_0=0.01，其余均相同。其中，相关的符号也与原文相同，以便对比。

从图 3-11 至图 3-14 可得，基于低通滤波器与等效控制方法的自适应滑模算法对于标准三角函数中正弦扰动可保持尽可能小的开关增益。然而，根据图 3-8 可知，该算法对于抑制及跟踪三角函数以外的扰动效果不佳，并且滤波器的参数不易调节，实用性不强。另外，根据图 3-14 中开关函数等效值 $|\text{sign}(\sigma)|_{eq}$ 在滑模变量 σ 到达滑模面前后的变化曲线可知：当 $\sigma \neq 0$ 时，$|\text{sign}(\sigma)|_{eq}=1$ 成立。这样，图 3-14 证实本研究基于低通滤波器与等效控制的自适应滑模算法的分析过程是正确的，同样对自适应过程的稳定时间估计符合实际情形。

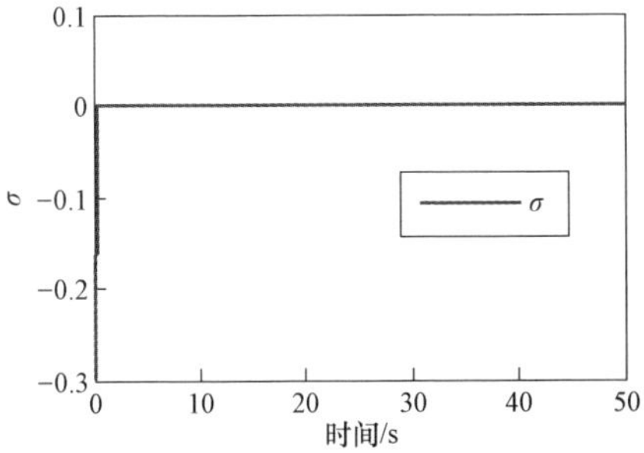

图3-11　滑模变量随时间变化趋势

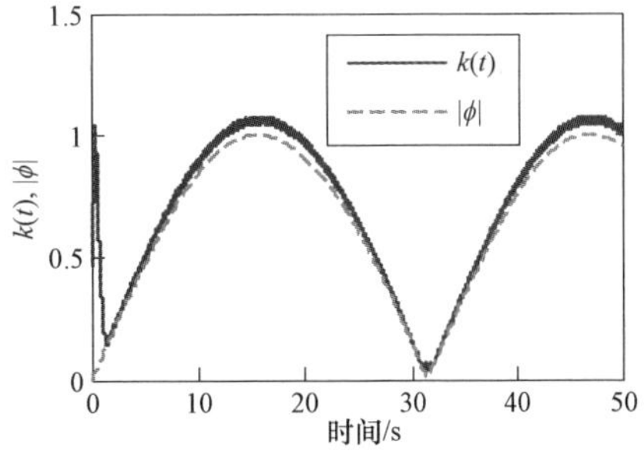

图3-12　$k(t), |\phi(t)|$ 随时间变化趋势

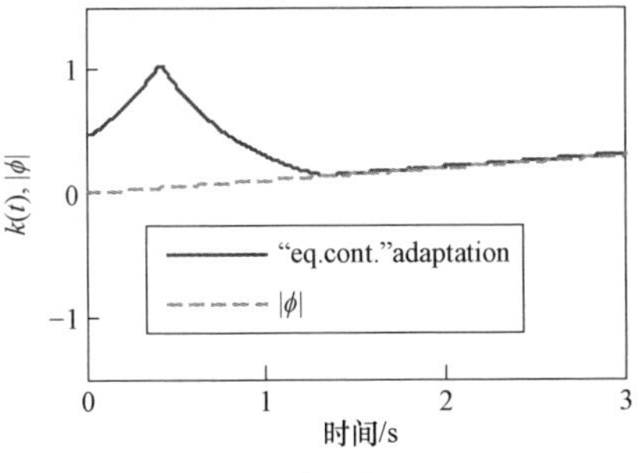

图 3-13　初始 $k(t), |\phi(t)|$ 随时间变化趋势

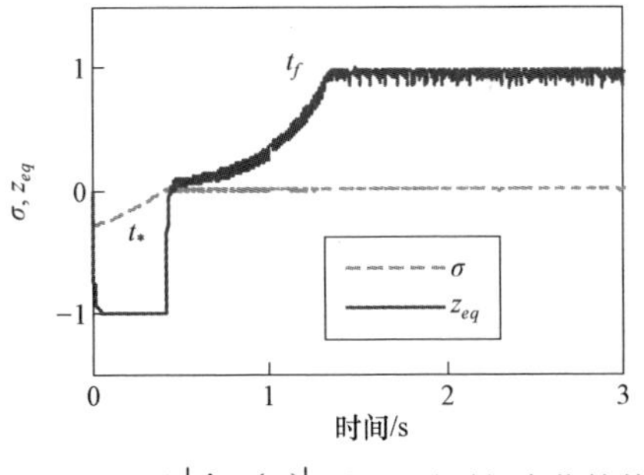

图 3-14　初始 $|\text{sign}(\sigma)|_{eq}$ 与 σ 随时间变化趋势

3.6　本章小结

首先，对几种自适应滑模算法进行分析，找出其中的缺点，然后根据最小开关增益的概念，建立新的自适应滑模算法。同时，对存在的高阶滑模

算法进行研究，针对基于滑模变量的不确定输入输出系统，分两步进行高阶滑模方法设计。对于标称系统，即积分链系统，根据几何齐次性及齐次分离准则，在原控制器的基础上，构建新的有限时间稳定算法，提高了积分链系统的暂态性能。

其次，采用积分滑模概念，利用基于低通滤波器的自适应滑模与提出的自适应滑模算法分别建立了两种新的自适应高阶滑模方法，该方法不但保证高阶滑模在有限时间内建立，还减小了切换增益，进而减少系统控制的能量输入。

第 4 章　基于四元数的姿态控制方法研究

4.1 引　言

刚体航天器姿态控制是一个复杂的不确定非线性系统稳定问题，其中各种环境及执行器内部扰动均无法准确获得。所以，近年来许多学者利用各种非线性算法设计鲁棒性较好的姿态控制器。针对卫星等刚体航天器的姿态问题，主要采用姿态运动学方程与动力学方程来描述。其中，四元数是姿态运动学描述的常用方法，避免了欧拉角在姿态表示中存在的奇异现象，并且冗余度较小。然而，这种方法也导致卫星姿态运动学方程与动力学方程的变量不同，现有的非线性控制理论不能直接运用。此外，存在的姿态稳定及跟踪机动算法均为渐近收敛或有限时间内收敛，但无法获得姿态系统状态确定的收敛时间。

对于分别选用四元数与欧拉角描述姿态与角速度的姿态控制问题，已有学者利用机械系统的 Lagrange 模型来解决这种问题。Du 等[76]将刚体姿态稳定系统转化为 Lagrange 形式，而后采用齐次理论与有限时间分离准则设计鲁棒有限时间姿态稳定控制器。然而，这种控制器只能抑制相对姿态系统状态的高阶扰动，即系统的鲁棒性不强。Wu 等[61]同样将姿态跟踪系统转化，然后运用非奇异终端滑模算法构造鲁棒有限时间控制器。但该方法没有考虑姿态转换矩阵，并且改进的切换增益在理论上不严谨。

针对不能准确事先确定内外扰动上界的问题，许多学者采用自适应方法对其进行处理。Lu 等[64]将非奇异快速终端滑模、增益自适应与边界层结合构造鲁棒自适应有限时间姿态稳定算法，排除了总不确定的上界，取得较高的控制精度。Lu 等[63]基于四元数设计无任何约束的快速终端滑模面，然后根据自适应滑模与边界层构造多种鲁棒自适应姿态跟踪算法，同样不需要惯性不确定与外部扰动的信息。然而，Tiwari[73]采用自适应二阶滑模算法设计姿态跟踪机动算法，也可避免对总不确定先验信息的需求。但该算法的开关增益不能减小，对增益仍有过量估计。

本章对上述问题均有研究，首先对 Lagrange 形式的姿态稳定与跟踪问题，基于几何齐次性理论和自适应滑模算法，建立新的姿态控制方法。这些算法均有较好的鲁棒性，并且排除了在控制器中对增益的事先设定。其次针对上述控制器不能取得精确姿态的收敛时间或仅能计算其上界问题，提出新的鲁棒固定时间姿态跟踪机动算法，姿态的稳定时间可事先确定。这种优点与所有存在的算法均不同，同时也更适合应用于高精度的天基红外预警卫星等的姿态调节。

4.2 基于齐次性理论的姿态稳定控制方法

卫星等航天器的姿态稳定控制指迫使本体坐标系相对惯性坐标系的相对姿态角渐近或有限时间收敛到原点。因此，解决在（2-9）和（2-10）中描述的姿态稳定问题，需要建立算法来保证 $\lim_{t\to\infty}(\bar{\boldsymbol{q}}_b,\boldsymbol{\omega}_b)=(\mathbf{0},\mathbf{0})$ 或 $\lim_{t\to T}(\bar{\boldsymbol{q}}_b,\boldsymbol{\omega}_b)=(\mathbf{0},\mathbf{0})$ 成立。其中，T 指有限的姿态稳定时间。

4.2.1 姿态稳定的类 Lagrange 模型

在控制器设计之前，先对姿态稳定数学模型（2-9）和（2-10）进行转化。令 $\bar{\boldsymbol{M}}=2(\bar{\boldsymbol{q}}_b^{\times}+q_0\boldsymbol{I}_3)^{-1}$，则由（2-9）可得姿态角速度 $\boldsymbol{\omega}_b=\bar{\boldsymbol{M}}\bullet\dot{\bar{\boldsymbol{q}}}_b$。根据假设 2.1 可知可逆转动惯量 $\boldsymbol{J}=\boldsymbol{J}_0+\Delta\boldsymbol{J}$，其中 $\boldsymbol{J}_0$ 为确定部分，$\Delta\boldsymbol{J}$ 为未知部分

或转动惯性的扰动，并且在实际条件下满足$\|\Delta\boldsymbol{J}\| \ll \|\boldsymbol{J}_0\|$。

引理 4.1 假设 $q_{b0}(t) \neq 0$ 对 $t \geqslant 0$，则姿态稳定数学模型（2-9）和（2-10）可表示为下面 Lagrange 形式

$$\bar{\boldsymbol{J}}_0\ddot{\bar{\boldsymbol{q}}}_b + \boldsymbol{C}_0(\bar{\boldsymbol{q}}_b, \dot{\bar{\boldsymbol{q}}}_b)\dot{\bar{\boldsymbol{q}}}_b = \bar{\boldsymbol{M}}^{\mathrm{T}}\boldsymbol{\tau} + \boldsymbol{d}' \tag{4-1}$$

式中，$\boldsymbol{d}' = \bar{\boldsymbol{M}}^{\mathrm{T}}\boldsymbol{d} + \tilde{\boldsymbol{d}}$，$\bar{\boldsymbol{J}}_0 = \bar{\boldsymbol{M}}^{\mathrm{T}}\boldsymbol{J}_0\bar{\boldsymbol{M}}$。

$$\boldsymbol{C}_0(\bar{\boldsymbol{q}}_b, \dot{\bar{\boldsymbol{q}}}_b) = -[\bar{\boldsymbol{M}}^{\mathrm{T}}\boldsymbol{J}_0\bar{\boldsymbol{M}}\dot{\bar{\boldsymbol{M}}}^{-1}\bar{\boldsymbol{M}} + \bar{\boldsymbol{M}}^{\mathrm{T}}(\boldsymbol{J}_0\bar{\boldsymbol{M}}\dot{\bar{\boldsymbol{q}}}_b)^{\times}\bar{\boldsymbol{M}}]$$

$$\boldsymbol{d}' = -\bar{\boldsymbol{M}}^{\mathrm{T}}\Delta\boldsymbol{J}\bar{\boldsymbol{M}}\ddot{\bar{\boldsymbol{q}}}_b + [\bar{\boldsymbol{M}}^{\mathrm{T}}\Delta\boldsymbol{J}\bar{\boldsymbol{M}}\dot{\bar{\boldsymbol{M}}}^{-1}\bar{\boldsymbol{M}} + \bar{\boldsymbol{M}}^{T}(\Delta\boldsymbol{J}\bar{\boldsymbol{M}}\dot{\bar{\boldsymbol{q}}}_b)^{\times}]\dot{\bar{\boldsymbol{q}}}_b$$

证明：对式（2-9）求关于 t 的一阶导数可得

$$\ddot{\bar{\boldsymbol{q}}}_b = \dot{\bar{\boldsymbol{M}}}^{-1}\boldsymbol{\omega}_b + \bar{\boldsymbol{M}}^{-1}\dot{\boldsymbol{\omega}}_b \tag{4-2}$$

由于惯性矩阵可逆，可得 $\dot{\boldsymbol{\omega}}_b = \boldsymbol{J}^{-1}(-\boldsymbol{\omega}_b^{\times}\boldsymbol{J}\boldsymbol{\omega}_b + \boldsymbol{\tau} + \boldsymbol{d})$，再将其代入（4-2）得到

$$\ddot{\bar{\boldsymbol{q}}}_b = \dot{\bar{\boldsymbol{M}}}^{-1}\boldsymbol{\omega}_b + \bar{\boldsymbol{M}}^{-1}\boldsymbol{J}^{-1}(-\boldsymbol{\omega}_b^{\times}\boldsymbol{J}\boldsymbol{\omega}_b + \boldsymbol{\tau} + \boldsymbol{d}) \tag{4-3}$$

利用 $\boldsymbol{\omega}_b = \bar{\boldsymbol{M}}\dot{\bar{\boldsymbol{q}}}_b$ 取代 $\boldsymbol{\omega}_b$，并且在式（4-3）两边同乘 $\bar{\boldsymbol{J}} = \bar{\boldsymbol{M}}^{\mathrm{T}}\boldsymbol{J}\bar{\boldsymbol{M}}$ 得

$$\begin{aligned}\bar{\boldsymbol{J}}\ddot{\bar{\boldsymbol{q}}}_b &= \bar{\boldsymbol{J}}\dot{\bar{\boldsymbol{M}}}^{-1}\bar{\boldsymbol{M}}\dot{\bar{\boldsymbol{q}}}_b + \bar{\boldsymbol{M}}^{\mathrm{T}}[(\boldsymbol{J}\bar{\boldsymbol{M}}\dot{\bar{\boldsymbol{q}}}_b)^{\times}\bar{\boldsymbol{M}}\dot{\bar{\boldsymbol{q}}}_b + \boldsymbol{\tau} + \boldsymbol{d}] \\ &= [\bar{\boldsymbol{J}}\dot{\bar{\boldsymbol{M}}}^{-1}\bar{\boldsymbol{M}} + \bar{\boldsymbol{M}}^{\mathrm{T}}(\boldsymbol{J}\bar{\boldsymbol{M}}\dot{\bar{\boldsymbol{q}}}_b)^{\times}\bar{\boldsymbol{M}}]\dot{\bar{\boldsymbol{q}}}_b + \bar{\boldsymbol{M}}^{\mathrm{T}}\boldsymbol{\tau} + \bar{\boldsymbol{M}}^{\mathrm{T}}\boldsymbol{d} \\ &= -\boldsymbol{C}(\bar{\boldsymbol{q}}_b, \dot{\bar{\boldsymbol{q}}}_b)\dot{\bar{\boldsymbol{q}}}_b + \bar{\boldsymbol{M}}^{\mathrm{T}}\boldsymbol{\tau} + \bar{\boldsymbol{M}}^{\mathrm{T}}\boldsymbol{d}\end{aligned} \tag{4-4}$$

式中，$\boldsymbol{C}(\bar{\boldsymbol{q}}_b, \dot{\bar{\boldsymbol{q}}}_b) = -[\bar{\boldsymbol{J}}\dot{\bar{\boldsymbol{M}}}^{-1}\bar{\boldsymbol{M}} + \bar{\boldsymbol{M}}^{\mathrm{T}}(\boldsymbol{J}\bar{\boldsymbol{M}}\dot{\bar{\boldsymbol{q}}}_b)^{\times}\bar{\boldsymbol{M}}]$。根据 $\boldsymbol{J} = \boldsymbol{J}_0 + \Delta\boldsymbol{J}$ 即可将上式表示为（4-1）形式，证毕。

定义 $\boldsymbol{x}_1 = \bar{\boldsymbol{q}}_b$，$\boldsymbol{x}_2 = \dot{\bar{\boldsymbol{q}}}_b$，则模型（2-9）和（2-10）可表示状态空间形式

$$\begin{cases}\dot{\boldsymbol{x}}_1 = \boldsymbol{x}_2 \\ \dot{\boldsymbol{x}}_2 = \boldsymbol{f}(\boldsymbol{x}) + \boldsymbol{b}(\boldsymbol{x})\boldsymbol{u} + \boldsymbol{d}^* \\ \boldsymbol{y} = \boldsymbol{x}_1\end{cases} \tag{4-5}$$

式中，$\boldsymbol{f}(\boldsymbol{x}) = -\bar{\boldsymbol{J}}_0^{-1}\boldsymbol{C}_0(\bar{\boldsymbol{q}}_b, \dot{\bar{\boldsymbol{q}}}_b)\dot{\bar{\boldsymbol{q}}}_b$，$\boldsymbol{b}(\boldsymbol{x}) = \bar{\boldsymbol{J}}_0^{-1}\bar{\boldsymbol{M}}^{\mathrm{T}}$，$\boldsymbol{d}^* = \bar{\boldsymbol{J}}_0^{-1}\boldsymbol{d}'$，$\boldsymbol{x} = [\boldsymbol{x}_1^{\mathrm{T}}, \boldsymbol{x}_2^{\mathrm{T}}]^{\mathrm{T}}$。

4.2.2 鲁棒有限时间姿态稳定控制方法

对（4-5）选用基本控制器

$$\boldsymbol{u}=\boldsymbol{b}^{-1}(\boldsymbol{f}(\boldsymbol{x})+\boldsymbol{u}') \tag{4-6}$$

式中，$\boldsymbol{u}'=[u_1',u_2',u_3']^{\mathrm{T}}\in\Re^3$ 为实际转矩输入。$\boldsymbol{u}'$ 分两部分设计 $\boldsymbol{u}'=\boldsymbol{u}_{\mathrm{n}}'+\boldsymbol{u}_{\mathrm{c}}'$，即理想控制 $\boldsymbol{u}_{\mathrm{n}}'$ 及不确定抑制控制 $\boldsymbol{u}_{\mathrm{c}}'$。

定理 4.1 选取 $k_1,k_2>0$ 使得 $s^2+k_2s+k_1$ 是 Hurwitz 的多项式，则如下二阶系统

$$\begin{cases}\dot{\boldsymbol{x}}_1=\boldsymbol{x}_2\\ \dot{\boldsymbol{x}}_2=\boldsymbol{u}_{\mathrm{n}}'\end{cases} \tag{4-7}$$

对任意 $\alpha_2\in(0,1)$，反馈控制器（4-8）均可使系统（4-7）状态在有限时间内稳定到平衡点 $\boldsymbol{x}=\boldsymbol{0}$

$$\boldsymbol{u}_{\mathrm{n}}'=-k_1\mathrm{Sig}(\boldsymbol{x}_1)^{\alpha_1}-k_2\mathrm{Sig}(\boldsymbol{x}_2)^{\alpha_2} \tag{4-8}$$

式中，$\mathrm{Sig}(\boldsymbol{x}_i)^{\alpha_i}=[\mathrm{sig}(x_{i,1})^{\alpha_i},\mathrm{sig}(x_{i,2})^{\alpha_i},\mathrm{sig}(x_{i,3})^{\alpha_i}]^{\mathrm{T}}$（$i=1,2$），$\alpha_1,\alpha_2$ 满足 $\alpha_1=\dfrac{\alpha_2}{2-\alpha_2}$。

证明：选择如下 Lyapunov 函数

$$V_1=\frac{k_1}{1+\alpha_1}\left(\sum_{i=1}^{3}x_{1,i}\right)+\frac{1}{2}\boldsymbol{x}_2^{\mathrm{T}}\boldsymbol{x}_2 \tag{4-9}$$

对上式求关于时间 t 的导数得 $\dot{V}_1=-k_2\left(\sum_{i=1}^{3}\left|x_{2,i}\right|^{1+\alpha_2}\right)\leqslant 0$。由 LaSalle 不变集定理可知，系统关于原点 $\boldsymbol{x}=\boldsymbol{0}$ 是渐近稳定的。此外，系统（4-7）对 $\boldsymbol{r}=(2/(1+\alpha_1),2/(1+\alpha_1),2/(1+\alpha_1),1,1,1)$ 的齐次度为 $\alpha^*=\alpha_2-1<0$。根据引理 2.5，可知系统（4-7）是有限时间收敛的。

针对不确定系统（4-7），上述理想控制律不具有鲁棒性，因此有必要构建补偿控制方法抑制总不确定扰动。首先定义积分滑模变量 $\boldsymbol{S}(\boldsymbol{x}(t))\in\Re^3$ 为

$$\boldsymbol{S}(\boldsymbol{x}(t))=\boldsymbol{x}_2(t)-\boldsymbol{x}_2(t)-\int_{t_0}^{t}\boldsymbol{u}_{\mathrm{n}}'(\boldsymbol{x}(\varsigma))\,\mathrm{d}\varsigma \tag{4-10}$$

根据 $\boldsymbol{S}^{\mathrm{T}}\dot{\boldsymbol{S}}\leqslant-\eta\|\boldsymbol{S}\|$（$\eta>0$）及切换增益 $G\geqslant\eta+d_{\max}^*$ 可得下面鲁棒控制律，其中假设 $d_{\max}^*$ 为扰动 $\boldsymbol{d}^*$ 的上界。

定理 4.2 考虑系统（4-7），若总不确定扰动 $\boldsymbol{d}^*$ 满足有界假设，则控制律

$$\boldsymbol{u}=\boldsymbol{b}^{-1}(-\boldsymbol{f}(\boldsymbol{x})+\boldsymbol{u}_{\mathrm{n}}'-G\bullet\mathrm{Sign}(\boldsymbol{S})) \tag{4-11}$$

可使姿态系统（4-7）有限时间内稳定，其中 $\mathrm{Sign}(\boldsymbol{S})=[\mathrm{sign}(S_1),\mathrm{sign}(S_2),\mathrm{sign}(S_3)]^{\mathrm{T}}$。

控制律虽可保证姿态系统（4-7）的稳定性与鲁棒性，但需要事先确定不确定的上界，这在实际应用中是不现实的。因此需要建立算法排除这种缺点。首先对（4-10）求关于时间 t 的导数 $\dot{\boldsymbol{S}}=\boldsymbol{u}_{\mathrm{c}}'+\boldsymbol{d}^*$，由于 $\boldsymbol{d}^*$ 是有界但未知的扰动，所以可设其未知时变上界为 $\bar{G}$，即 $\|\boldsymbol{d}^*(t)\|\leqslant\bar{G}(t)$。对 $\bar{G}$ 采用以下自适应律进行估计 $\bar{G}$ 并且构造切换控制器为

$$\begin{cases}\boldsymbol{u}_{\mathrm{c}}'=-\hat{G}(t)\bullet\mathrm{Sign}(\boldsymbol{S})\\ \dot{\hat{G}}=\dfrac{1}{\rho}\|\boldsymbol{S}\|\end{cases} \tag{4-12}$$

式中，$\hat{G}$ 为 $\bar{G}$ 的估计值，ρ 为自适应律系数。相关的估计误差为 $\tilde{G}(t)=\hat{G}(t)-\bar{G}(t)$。

定理 4.3 对于系统（4-5）及积分滑模面（4-10），控制器与自适应律为（4-6）、（4-8）、（4-12），自适应增益 $\hat{G}$ 存在上界，即 $\hat{G}\leqslant G^*$，而且系统（4-5）可在有限时间内稳定。

证明：选择下面 Lyapunov 函数

$$V_2=\frac{1}{2}\boldsymbol{S}^{\mathrm{T}}\boldsymbol{S}+\lambda\tilde{G}^2 \tag{4-13}$$

对上式求关于时间 t 的一阶导数并将（4-6）和（4-12）代入得

$$\begin{aligned}\dot{V}_2&=\boldsymbol{S}^{\mathrm{T}}\dot{\boldsymbol{S}}+\lambda\tilde{G}\dot{\hat{G}}\\&=\boldsymbol{S}^{\mathrm{T}}(\boldsymbol{d}^*-\hat{G}\bullet\mathrm{Sign}(\boldsymbol{S}))+(\hat{G}-\bar{G})\|\boldsymbol{S}\|\\&\leqslant\|\boldsymbol{d}^*\|\bullet\|\boldsymbol{S}\|-\hat{G}\|\boldsymbol{S}\|+(\hat{G}-\bar{G})\|\boldsymbol{S}\|\\&=(\|\boldsymbol{d}^*\|-\bar{G})\|\boldsymbol{S}\|\\&\leqslant 0\end{aligned} \tag{4-14}$$

所以时变增益的上界 G^* 是存在的。随后，证明系统稳定时选用另一个 Lyapunov 函数：

$$V_3 = \frac{1}{2}\boldsymbol{S}^{\mathrm{T}}\boldsymbol{S} + \frac{1}{2\beta}(\hat{G} - G^*)^2 \tag{4-15}$$

将（4-6）和（4-12）代入（4-15）的导数

$$\begin{aligned}
\dot{V}_3 &= \boldsymbol{S}^{\mathrm{T}}\dot{\boldsymbol{S}} + \frac{1}{\beta\rho}(\hat{G} - G^*)\|\boldsymbol{S}\| \\
&= \boldsymbol{S}^{\mathrm{T}}(\boldsymbol{d}^* - \hat{G}\bullet \mathrm{Sign}(\boldsymbol{S})) + \frac{1}{\beta\rho}(\hat{G} - G^*)\|\boldsymbol{S}\| \\
&\leqslant \|\boldsymbol{d}^*\|\bullet\|\boldsymbol{S}\| - \hat{G}\bullet\|\boldsymbol{S}\| + \frac{1}{\beta\rho}(\hat{G} - G^*)\|\boldsymbol{S}\| \\
&\leqslant \bar{G}\bullet\|\boldsymbol{S}\| - \hat{G}\bullet\|\boldsymbol{S}\| + G^*\bullet\|\boldsymbol{S}\| - G^*\bullet\|\boldsymbol{S}\| + \frac{1}{\beta\rho}(\hat{G} - G^*)\|\boldsymbol{S}\| \\
&= -(\bar{G} - G^*)\|\boldsymbol{S}\| - \left(G^* - \hat{G}\right)\left(-\|\boldsymbol{S}\| + \frac{1}{\beta\rho}\|\boldsymbol{S}\|\right)
\end{aligned} \tag{4-16}$$

由于存在常数 G^* 和 β 满足 $G^* > \bar{G}$ 和 $\beta < 1/\rho$，则根据上式可得

$$\begin{aligned}
\dot{V}_3 &\leqslant -\sqrt{2}(G^* - \bar{G})\frac{\|\boldsymbol{S}\|}{\sqrt{2}} - \left(-\|\boldsymbol{S}\| + \frac{1}{\beta\rho}\|\boldsymbol{S}\|\right)\sqrt{2\beta}\frac{\left|G^* - \hat{G}\right|}{\sqrt{2\beta}} \\
&\leqslant -\min\left\{\sqrt{2}(G^* - \bar{G}), \left(-\|\boldsymbol{S}\| + \frac{1}{\beta\rho}\|\boldsymbol{S}\|\right)\sqrt{2\beta}\right\}\left(\frac{\|\boldsymbol{S}\|}{\sqrt{2}} + \frac{\left|G^* - \hat{G}\right|}{\sqrt{2\beta}}\right) \\
&\leqslant -\min\left\{\sqrt{2}(G^* - \bar{G}), \left(-\|\boldsymbol{S}\| + \frac{1}{\beta\rho}\|\boldsymbol{S}\|\right)\sqrt{2\beta}\right\}V_3^{1/2}
\end{aligned} \tag{4-17}$$

根据引理 2.2 可得系统在有限时间内收敛到原点。

4.3 自适应有限时间姿态跟踪控制律

卫星侦察移动目标，需要其自身能够快速调整姿态以便瞄准、定向，从而利于跟踪这些目标。因此高精度的姿态跟踪控制对天基卫星非常重要。此外，姿态跟踪控制在航天器编队飞行、天基测绘、通信等方面均有广泛应用，所以成为姿态控制的一个重要研究领域。

4.3.1　姿态跟踪模型的类 Lagrange 形式

姿态跟踪模型（2-15）和（2-16）也可转化为类 Lagrange 形式，在文献［61］中，Wu 等已经有所尝试，但却没有考虑姿态转换矩阵。在讨论问题之前，先给出以下假设。

假设 4.1　假定当 $t \geqslant 0$ 时 $q_{e0} \neq 0$ 成立。

鉴于（2-15），定义 $\boldsymbol{M}_e = 2(q_{e0}\boldsymbol{I}_3 + \bar{\boldsymbol{q}}_e^{\times})^{-1}$，则可推得 $\det(\boldsymbol{M}_e) = 8/q_{e0}$。因此，上述假设可保证矩阵 $\boldsymbol{M}_e$ 可逆，并且姿态跟踪模型可用下面命题给出。

引理 4.2　在假设 4.1 下，姿态跟踪运动学与动力学模型（2-15）和（2-16）可转化为类 Lagrange 形式

$$\bar{\boldsymbol{J}}_0\ddot{\bar{\boldsymbol{q}}}_e + \boldsymbol{H}\dot{\bar{\boldsymbol{q}}}_e + \boldsymbol{M}_e^{\mathrm{T}}\boldsymbol{G} = \boldsymbol{M}_e^{\mathrm{T}}\boldsymbol{\tau} + \boldsymbol{d}_e \tag{4-18}$$

式中，

$\boldsymbol{M}_e = 2(q_{e0}\boldsymbol{I}_3 + \bar{\boldsymbol{q}}_e^{\times})^{-1}$，$\bar{\boldsymbol{J}}_0 = \boldsymbol{M}_e^{\mathrm{T}}\boldsymbol{J}_0\boldsymbol{M}_e$，$\boldsymbol{G} = (\boldsymbol{C}\boldsymbol{\omega}_d)^{\times}\boldsymbol{J}_0\boldsymbol{C}\boldsymbol{\omega}_d + \boldsymbol{J}_0\boldsymbol{C}\dot{\boldsymbol{\omega}}_d$；

$\boldsymbol{H}_2 = -\boldsymbol{M}_e^{\mathrm{T}}[(\boldsymbol{J}_0\boldsymbol{C}\boldsymbol{\omega}_d)^{\times} - (\boldsymbol{C}\boldsymbol{\omega}_d)^{\times}\boldsymbol{J}_0 - \boldsymbol{J}_0(\boldsymbol{C}\boldsymbol{\omega}_d)^{\times}]\boldsymbol{M}_e$，$\boldsymbol{d}_e = \boldsymbol{d}_1 + \boldsymbol{d}_2 + \boldsymbol{M}_e^{\mathrm{T}}\boldsymbol{d}$；

$\boldsymbol{H}_1 = -\boldsymbol{M}_e^{\mathrm{T}}(\boldsymbol{J}_0\boldsymbol{M}_e\dot{\boldsymbol{M}}_0^{-1} + (\boldsymbol{J}_0\boldsymbol{M}_e\dot{\bar{\boldsymbol{q}}}_e)^{\times})\boldsymbol{M}_e$，$\boldsymbol{C} = \boldsymbol{C}_{bd}$，$\boldsymbol{H} = \boldsymbol{H}_1 + \boldsymbol{H}_2$；

$\boldsymbol{d}_1 = -\boldsymbol{M}_e^{\mathrm{T}}\Delta\boldsymbol{J}\boldsymbol{M}_e\ddot{\bar{\boldsymbol{q}}}_e - \boldsymbol{M}_e^{\mathrm{T}}(\boldsymbol{C}\boldsymbol{\omega}_d)^{\times}\Delta\boldsymbol{J}(\boldsymbol{C}\boldsymbol{\omega}_d) - \boldsymbol{M}_e^{\mathrm{T}}\Delta\boldsymbol{J}\boldsymbol{C}\dot{\boldsymbol{\omega}}_d$；

$\boldsymbol{d}_2 = \boldsymbol{M}_e^{\mathrm{T}}(\Delta\boldsymbol{J}\boldsymbol{M}_e\dot{\boldsymbol{M}}_e^{-1} + (\Delta\boldsymbol{J}\boldsymbol{M}_e\dot{\boldsymbol{q}}_{ev})^{\times} + (\Delta\boldsymbol{J}\boldsymbol{C}\boldsymbol{\omega}_d)^{\times} - (\boldsymbol{C}\boldsymbol{\omega}_d)^{\times}\Delta\boldsymbol{J} - \Delta\boldsymbol{J}(\boldsymbol{C}\boldsymbol{\omega}_d)^{\times})\boldsymbol{M}_e\dot{\bar{\boldsymbol{q}}}_e$。

证明：根据 $\dot{\bar{\boldsymbol{q}}}_e = \boldsymbol{M}_e^{-1}\boldsymbol{\omega}_e$，则对式（2-15）求关于时间 t 的导数得

$$\begin{aligned}\ddot{\boldsymbol{q}}_{ev} &= \dot{\boldsymbol{M}}_e^{-1}\boldsymbol{\omega}_e + \boldsymbol{M}_e^{-1}\dot{\boldsymbol{\omega}}_e \\ &= \dot{\boldsymbol{M}}_e^{-1}\boldsymbol{M}_e\dot{\bar{\boldsymbol{q}}}_e + \boldsymbol{M}_e^{-1}(\dot{\boldsymbol{\omega}}_b - \dot{\boldsymbol{C}}\boldsymbol{\omega}_d - \boldsymbol{C}\dot{\boldsymbol{\omega}}_d) \\ &= \dot{\boldsymbol{M}}_e^{-1}\boldsymbol{M}_e\dot{\bar{\boldsymbol{q}}}_e + \boldsymbol{M}_e^{-1}[\boldsymbol{J}^{-1}(-\boldsymbol{\omega}_b^{\times}\boldsymbol{J}\boldsymbol{\omega}_b + \boldsymbol{\tau}) - \dot{\boldsymbol{C}}\boldsymbol{\omega}_d - \boldsymbol{C}\dot{\boldsymbol{\omega}}_d]\end{aligned} \tag{4-19}$$

在上式两边同时乘以对称正定矩阵 $\bar{\boldsymbol{J}} = \boldsymbol{M}_e^{\mathrm{T}}\boldsymbol{J}\boldsymbol{M}_e$ 得

$$\begin{aligned}\bar{\boldsymbol{J}}\ddot{\bar{\boldsymbol{q}}}_e &= \boldsymbol{M}_e^{\mathrm{T}}\boldsymbol{J}\boldsymbol{M}_e\dot{\boldsymbol{M}}_e^{-1}\boldsymbol{M}_e\dot{\bar{\boldsymbol{q}}}_e + \boldsymbol{M}_e^{\mathrm{T}}(-\boldsymbol{\omega}_b^{\times}\boldsymbol{J}\boldsymbol{\omega}_b + \boldsymbol{\tau} + \boldsymbol{d}) + \boldsymbol{M}_e^{\mathrm{T}}\boldsymbol{J}(-\dot{\boldsymbol{C}}\boldsymbol{\omega}_d - \boldsymbol{C}\dot{\boldsymbol{\omega}}_d) \\ &= \boldsymbol{M}_e^{\mathrm{T}}\boldsymbol{J}\boldsymbol{M}_e\dot{\boldsymbol{M}}_e^{-1}\boldsymbol{M}_e\dot{\bar{\boldsymbol{q}}}_e + \boldsymbol{M}_e^{\mathrm{T}}\boldsymbol{J}(-\dot{\boldsymbol{C}}\boldsymbol{\omega}_d - \boldsymbol{C}\dot{\boldsymbol{\omega}}_d) \\ &\quad + \boldsymbol{M}_e^{\mathrm{T}}[-(\boldsymbol{\omega}_e + \boldsymbol{C}\boldsymbol{\omega}_d)^{\times}\boldsymbol{J}(\boldsymbol{\omega}_e + \boldsymbol{C}\boldsymbol{\omega}_d) + \boldsymbol{\tau} + \boldsymbol{d}]\end{aligned} \tag{4-20}$$

鉴于（2-15），上式可表示为

$$
\begin{aligned}
\bar{J}\ddot{\bar{q}}_e &= M_e^{\mathrm{T}} J M_e \dot{M}_e^{-1} M_e \dot{\bar{q}}_e + M_e^{\mathrm{T}} (J M_e \dot{\bar{q}}_e)^{\times} M_e \dot{\bar{q}}_e + M_e^{\mathrm{T}} (J C \omega_d)^{\times} M_e \dot{\bar{q}}_e \\
&\quad - M_e^{\mathrm{T}} (C\omega_d)^{\times} J M_e \dot{\bar{q}}_e - M_e^{\mathrm{T}} J (C\omega_d)^{\times} M_e \dot{\bar{q}}_e + M_e^{\mathrm{T}} (C\omega_d)^{\times} J (C\omega_d) \\
&\quad + M_e^{\mathrm{T}} J C \dot{\omega}_d + M_e^{\mathrm{T}} \tau + M_e^{\mathrm{T}} d \\
&= -H\dot{\bar{q}}_e - M_e^{\mathrm{T}} G + M_e^{\mathrm{T}} \tau + M_e^{\mathrm{T}} d
\end{aligned} \tag{4-21}
$$

另外，由于$J = J_0 + \Delta J$，则将其代入（4-21）即可得命题中形式。

4.3.2 鲁棒自适应有限时间控制律

为便于叙述及控制器构造，定义变量$\zeta_1 = \bar{q}_e$和$\zeta_2 = \dot{\bar{q}}_e$，则系统（4-21）可表示为：

$$
\begin{cases}
\dot{\zeta}_1 = \zeta_2 \\
\dot{\zeta}_2 = f(\zeta,t) + \Delta f(\zeta,t) + B(\zeta)\tau + \tilde{d}(t)
\end{cases} \tag{4-22}
$$

式中，

$$\zeta_1 = [\zeta_{11}, \zeta_{12}, \zeta_{13}]^{\mathrm{T}} = [q_{e1}, q_{e2}, q_{e3}]^{\mathrm{T}} \in \Re^3,\quad \zeta_2 = [\zeta_{21}, \zeta_{22}, \zeta_{23}]^{\mathrm{T}} \in \Re^3;$$

$$B(\zeta) = M_e^{\mathrm{T}},\quad \zeta = [\zeta_1^{\mathrm{T}}, \zeta_2^{\mathrm{T}}]^{\mathrm{T}},\quad f(\zeta,t) = -\bar{J}_0^{-1}(H\dot{\bar{q}}_e + M_e^{\mathrm{T}} G);$$

$$\Delta f(\zeta,t) := [\Delta f_1, \Delta f_2, \Delta f_3]^{\mathrm{T}} = \bar{J}_0^{-1}(d_1 + d_2),\quad \tilde{d}(t) := [d_1, d_2, d_3]^{\mathrm{T}} = \bar{J}_0^{-1} \bullet d(t)。$$

首先构建常用反馈控制律：

$$\tau = B(\zeta)^{-1}(-f(\zeta,t) + \tau') \tag{4-23}$$

式中，$\tau' = [\tau_1', \tau_2', \tau_3']^{\mathrm{T}} \in \Re^3$为实际控制项。上述控制律可用于抵消已知项及部分解耦，而τ'设计为

$$\tau' = \tau'_{\mathrm{nom}} + \tau'_{\mathrm{com}} \tag{4-24}$$

式中，$\tau'_{\mathrm{nom}} \in \Re^3$为标称部分，$\tau'_{\mathrm{com}} \in \Re^3$为补偿控制部分。当不考虑总不确定时，系统采用标称控制部分即可稳定。

基于几何齐次性，当$\tilde{d}(t) = 0$时，控制律（4-23）和（4-25）

$$\tau'_{\mathrm{nom}} = -K_1 \bullet \mathrm{Sig}(\zeta_1)^{\alpha_1} - K_2 \bullet \mathrm{Sig}(\zeta_2)^{\alpha_2} \tag{4-25}$$

式中，$K_i = \mathrm{diag}(K_{i,j})$（$K_{i,j} > 0,\ i = 1,2,\ j = 1,2,3$），可使系统（4-22）有限时间内稳定。为保证控制器的鲁棒性，设计补偿控制τ'_{nom}。首先定义以下滑动模态

$$S(\zeta) = \zeta_2 + \zeta_{\mathrm{aux}} \tag{4-26}$$

式中，$\zeta_{\mathrm{aux}} \in \Re^3$为辅助变量，该变量可定义为$\dot{\zeta}_{\mathrm{aux}} = -\tau'_{\mathrm{nom}}$。对滑模变量求导

可得

$$\begin{aligned}\dot{\boldsymbol{S}}(\zeta) &= \dot{\boldsymbol{\zeta}}_2 + \dot{\boldsymbol{\zeta}}_{\text{aux}} \\ &= \boldsymbol{f}(\zeta,t) + \boldsymbol{B}(\zeta)\boldsymbol{\tau} + \tilde{\boldsymbol{d}} - \boldsymbol{\tau}'_{\text{nom}} \\ &= \boldsymbol{\tau}'_{\text{com}} + \tilde{\boldsymbol{d}}\end{aligned} \tag{4-27}$$

在面对不确定的情况下，补偿控制器可保证滑模变量趋向滑模面，并且保证在此超曲面上滑动，表示如下

$$\boldsymbol{\tau}'_{\text{com}} = -\hat{\boldsymbol{G}} \bullet \text{Sign}(\boldsymbol{S}) \tag{4-28}$$

式中，增益矩阵为 $\boldsymbol{G} = \text{diag}(G_i)$（$i=1,2,3$）。当系统轨迹在滑模面上时，可知 $\boldsymbol{S}=\boldsymbol{0}$ 及 $\dot{\boldsymbol{S}} = \dot{\boldsymbol{\zeta}}_2 - \boldsymbol{\tau}'_{\text{nom}} = \boldsymbol{0}$，因此系统（4-22）可在有限时间内收敛到原点。另外，在实际中由于 $\boldsymbol{\omega}_d$ 和 $\dot{\boldsymbol{\omega}}_d$ 有界且已知，则根据特性 $\|\boldsymbol{C}\|=1$，$\|\bar{\boldsymbol{q}}_e\| \leqslant 1$，$\|q_{e0}\boldsymbol{I}_3 + \bar{\boldsymbol{q}}_e^{\times}\| = 1$，$\|\bar{\boldsymbol{q}}_e^{\times}\| = \|\bar{\boldsymbol{q}}_e\|$ 和 $|\dot{q}_{ei}|^{\bar{\phi}} \leqslant \psi^{\bar{\phi}} \|\boldsymbol{\omega}_e\|$（$\bar{\phi} > 0$），其中 $\psi = \max\{\psi_i\}$（$i=1,2,3$），可知 $\Delta \boldsymbol{f}(\zeta,t)$ 和 $\tilde{\boldsymbol{d}}(t)$ 是有界的。

在（4-28）中，切换增益采用自适应方法，不但可抑制扰动，还排除不确定的边界的需要。由于上述自适应方法的自适应系数较大，在滑模到达阶段将使增益激增，这不适用于卫星等航天器的执行机构。因此，为避免这种现象，构建一种新的自适应增益方法

$$\dot{\hat{G}}_i = \begin{cases} \rho_i(\hat{G}_i + \phi_{i,1})^{\theta_{i,1}}(|\sigma_i| + \phi_{i,2})^{\theta_{i,2}} \text{sign}(|\sigma_i| - \varepsilon^*) & if\ \ \hat{G}_i > \bar{\eta}_i \\ \bar{\eta}_i & if\ \ \hat{G}_i \leqslant \bar{\eta}_i \end{cases} \tag{4-29}$$

式中，$\varepsilon_i^* = 2T_e\hat{G}_i$，$\rho_i > 0$，$\theta_{i,2} \leqslant 1$，$\theta_{i,1} \geqslant 1$（$i=1,2,3$）；$\phi_{i,1}$、$\phi_{i,2}$ 和 $\bar{\eta}_i$ 均为很小正常数；T_e 表示采样时间。

定理 4.4　对于由鲁棒自适应算法（4-23）至（4-25）、（4-28）和（4-29）控制的系统（4-22），以及滑模变量（4-26），增益 $\hat{G}_i$ 有上界，即存在 G_i^* 值满足 $\hat{G}_i \leqslant G_i^*$（$i=1,2,3$），$\forall t>0$；并且系统中姿态在有限时间内收敛到关于原点的邻域（4-30）。$\varPhi_i$（$\varPhi = \max(\varPhi_i), i=1,2,3$）为很小正常数。

$$|q_{ei}| \leqslant \left(\frac{\varPhi}{2k_1}\right)^{\frac{1}{\alpha_1}},\ |\omega_i| \leqslant 2\left(\frac{\varPhi}{2k_2}\right)^{\frac{1}{\alpha_2}} \tag{4-30}$$

证明：假设在 $t=0$ 时 $S_i \gg \varepsilon^*$ 成立，增益 $\hat{G}_i$ 不足抵制总不确定扰动的影

响。系统不稳定，因此鉴于（4-29）增益 $\hat{G}_i$ 及滑模变量 S_i 将会持续增加直到当 $t=t_1$，$|d_i|=\hat{G}_i$ 时为止。然而，在时刻 t_1 后，增益 $\hat{G}_i$ 可抑制扰动并保证滑模变量一直减小。假设在 t_2 时刻，滑模变量进入实滑模区域，由于 $|S_i|<\varepsilon_i^*$ 则 $\hat{G}_i$ 开始减小。随后，存在 t_3 时刻，等式 $|d_i|=\hat{G}_i$ 成立。在 t_3 时刻后，$\hat{G}_i$ 又不足以抑制扰动，则系统不稳定。这种情形与 $t=0$ 时相似，而后分析与之前相同。因此，存在 G_i^* 满足 $\hat{G}_i\leqslant G_i^*$。

下面分析姿态系统可收敛到原点的领域。在实际中，在起始时刻满足 $|\sigma_i|>\varepsilon_i^*$，因此可假设 $|\sigma_i|>\varepsilon_i^*$ 成立。此刻，考虑下面 Lyapunov 候选函数

$$V_4=\frac{1}{2}\boldsymbol{S}^{\mathrm{T}}\boldsymbol{S}+\frac{1}{2}(\hat{\boldsymbol{G}}-\boldsymbol{G}^*)^{\mathrm{T}}\boldsymbol{Q}(\hat{\boldsymbol{G}}-\boldsymbol{G}^*) \tag{4-31}$$

式中，$\boldsymbol{Q}=\mathrm{diag}(\rho_1^{-1},\rho_2^{-1},\rho_3^{-1})$。对 V_4 求关于时间 t 的一阶导数为

$$\begin{aligned}\dot{V}_4&=\boldsymbol{S}^{\mathrm{T}}\dot{\boldsymbol{S}}+(\hat{\boldsymbol{G}}-\boldsymbol{G}^*)^{\mathrm{T}}\boldsymbol{Q}\bullet\dot{\hat{\boldsymbol{G}}}\\&=\boldsymbol{S}^{\mathrm{T}}(\boldsymbol{f}(\zeta,t)+\boldsymbol{B}(\zeta)\boldsymbol{\tau}+\tilde{\boldsymbol{d}}-\boldsymbol{\tau}'_{\mathrm{nom}})+(\hat{\boldsymbol{G}}-\boldsymbol{G}^*)^{\mathrm{T}}\boldsymbol{Q}\bullet\dot{\hat{\boldsymbol{G}}}\end{aligned} \tag{4-32}$$

将（4-23）（4-24）和（4-28）代入上式得

$$\begin{aligned}\dot{V}_4&=\boldsymbol{S}^{\mathrm{T}}(\boldsymbol{\tau}'_{\mathrm{com}}+\tilde{\boldsymbol{d}})+(\hat{\boldsymbol{G}}-\boldsymbol{G}^*)^{\mathrm{T}}\boldsymbol{Q}\bullet\dot{\hat{\boldsymbol{G}}}\\&\leqslant\sum_{i=1}^{3}[|S_i|(-\hat{G}_i+|\tilde{d}_i|)-|\hat{G}_i-G_i^*|(\hat{G}_i+\phi_{i,1})^{\theta_{i,1}}(|S_i|+\phi_{i,2})^{\theta_{i,2}}\bullet\mathrm{sign}(|S_i|-\varepsilon^*)]\\&=-\sum_{i=1}^{3}[|S_i|(\hat{G}_i-|d_i|)+|\hat{G}_i-G_i^*|(\hat{G}_i+\phi_{i,1})^{\theta_{i,1}}(|S_i|+\phi_{i,2})^{\theta_{i,2}}]\end{aligned} \tag{4-33}$$

此刻，$\hat{G}_i$ 可表示为 $\dot{\hat{G}}_i=\rho_i(\hat{G}_i+\phi_{i,1})^{\theta_{i,1}}(|\sigma_i|+\phi_{i,2})^{\theta_{i,2}}>0$。因此，存在有 $\tilde{\boldsymbol{d}}$ 限时间以致 $\hat{G}_i$ 满足条件 $\hat{G}_i-|\tilde{d}_i|\geqslant\mu_i$。由此，可对上式可做进一步推导

$$\begin{aligned}\dot{V}_4&\leqslant-\sum_{i=1}^{3}[\mu_i|\sigma_i|+(\hat{G}_i+\phi_{i,1})^{\theta_{i,1}}\bullet(|\sigma_i|+\phi_{i,2})^{\theta_{i,2}}|\hat{G}_i-G_i^*|]\\&\leqslant-\sum_{i=1}^{3}[\mu_i|\sigma_i|+(\phi_{i,1})^{\theta_{i,1}}\bullet(\phi_{i,2})^{\theta_{i,2}}|\hat{G}_i-G_i^*|]\\&\leqslant-\min(\mu_i,\sqrt{\rho_i}\bullet(\phi_{i,1})^{\theta_{i,1}}\bullet(\phi_{i,2})^{\theta_{i,2}})\sum_{i=1}^{3}\left[|\sigma_i|+\frac{|\hat{G}_i-G_i^*|}{\sqrt{\rho_i}}\right]\\&\leqslant-\sqrt{2}\min(\mu_i,\sqrt{\rho_i}\bullet(\phi_{i,1})^{\theta_{i,1}}\bullet(\phi_{i,2})^{\theta_{i,2}})V_4^{1/2}\end{aligned} \tag{4-34}$$

所以，在有限时间内，滑模变量可收敛到实滑模面上，即实滑模面可在有限时间内建立。

当$\left|S_i\right| \leqslant \varepsilon_i^*$成立时，$V_4$导数的符号将会变得不确定，所以闭环系统的稳定性不能得到保证。此刻，滑模变量$\left|S_i\right|$可能增加超过ε_i^*。一旦$\left|S_i\right|$大于ε_i^*，条件（4-34）将再次满足，系统将会再次稳定。最终，滑模变量将收敛到包含原点的区域$\left|S_i\right| \leqslant \varepsilon_i'$。

此外，总不确定有界，所以$\boldsymbol{\tau}_{\text{com}}$也是有界的。根据上述系统稳定性分析，可得下面结果

$$\dot{\zeta}_{2i} + \left(K_{1,j} - \frac{\Phi_i}{2 \bullet \text{sig}(\zeta_{1i})^{\alpha_1}}\right)\text{sig}(\zeta_{1i})^{\alpha_1} + \left(K_{2,j} - \frac{\Phi_i}{2 \bullet \text{sig}(\zeta_{2i})^{\alpha_2}}\right)\text{sig}(\zeta_{2i})^{\alpha_2} = 0 \tag{4-35}$$

式中，$\left|\tau'_{\text{com},i} + \tilde{d}_i\right| \leqslant \Phi_i$（$i = 1, 2, 3$）。基于$\lim_{e_0 \to 1} \dot{q}_{ei} = \omega_{ei}/2$，只要$K_{1,i} - \Phi_i / (2 \bullet \text{sig}(\zeta_{1i})^{\alpha_1}) > 0$和$K_{2,i} - \Phi_i / (2 \bullet \text{sig}(\zeta_{2i})^{\alpha_2}) > 0$成立，姿态跟踪误差可收敛到区域（4-30）。

上述姿态跟踪模型根据$e_0 \neq 0$建立，相应的算法不能适用于所有情形，所以该方法是局部的。因此，有必要修改提出的算法以便移除这个限制，获得全局姿态跟踪控制算法。

定理 4.5　对姿态跟踪系统（2-15）和（2-16），设计控制器为

$$\boldsymbol{\tau} = \begin{cases} \boldsymbol{B}^{-1}(-\boldsymbol{f}(\boldsymbol{\zeta}, t) + \boldsymbol{\tau}') & \text{if} \;\; \kappa \leqslant \left|e_0\right| \\ \boldsymbol{J}_0^{-1}[\boldsymbol{\omega}_b^{\times}\boldsymbol{J}_0\boldsymbol{\omega}_b - \boldsymbol{J}_0(\boldsymbol{\omega}_e^{\times}\boldsymbol{C}_{bd}\boldsymbol{\omega}_d - \boldsymbol{C}_{bd}\dot{\boldsymbol{\omega}}_d) - \bar{k}_d\text{Sign}(\boldsymbol{\omega}_e) - \bar{k}_p\boldsymbol{e}_v] & \text{if} \;\; \left|e_0\right| < \kappa \end{cases} \tag{4-36}$$

式中，$\bar{k}_d > 0$和$\bar{k}_p > 0$；κ为较小正常数。该算法可迫使姿态跟踪误差在有限时间内收敛到原点。

证明：该过程分两步。第一步，局部有限时间控制器可保证系统状态收敛到原点的邻域，已经通过几何齐次性及自适应积分滑模算法得到证明。第二步，分析姿态系统可在稳定意义下越过奇异点。

考虑下面 Lyapunov 候选函数

$$V_5=\bar{k}_p(q_{e0}-1)^2+\bar{k}_p\bar{\boldsymbol{q}}_e^{\mathrm{T}}\bar{\boldsymbol{q}}_e+\frac{1}{2}\boldsymbol{\omega}_e^{\mathrm{T}}\boldsymbol{J}_0\boldsymbol{\omega}_e \tag{4-37}$$

对公式（4-37）求导得

$$\begin{aligned}\dot{V}_5&=2\bar{k}_p(q_{e0}-1)q_{e0}+2\bar{k}_p\bar{\boldsymbol{q}}_e^{\mathrm{T}}\dot{\boldsymbol{q}}_e+\boldsymbol{\omega}_e^{\mathrm{T}}\boldsymbol{J}_0\dot{\boldsymbol{\omega}}_e\\&=\bar{k}_p\bar{\boldsymbol{q}}_e^{\mathrm{T}}(\bar{\boldsymbol{q}}_e^{\times}\boldsymbol{\omega}_e+q_{e0}\boldsymbol{\omega}_e)+\boldsymbol{\omega}_e^{\mathrm{T}}(-\bar{k}_d\mathrm{Sign}(\boldsymbol{\omega}_e)-\bar{k}_p\bar{\boldsymbol{q}}_e+\boldsymbol{d})\\&\quad-\bar{k}_p(q_{e0}-1)\bar{\boldsymbol{q}}_e^{\mathrm{T}}\boldsymbol{\omega}_e\end{aligned} \tag{4-38}$$

将式（4-36）代入上式得

$$\dot{V}_5\leqslant-\sum_{i=1}^{3}|\omega_{ei}|(\bar{k}_d-|d_i|)\leqslant 0 \tag{4-39}$$

由于在系统未稳定之前，通常不可能到达$\boldsymbol{\omega}_e=\boldsymbol{0}$。$\boldsymbol{d}$通常很小，且可知其数量级，因此可设$\bar{k}_d>|d_i|$。根据分析可知，在穿过由于四元数所造成的奇异点时，系统仍然是稳定的。控制器（4-36）只是改变原系统在奇异点附近的收敛率，所以整体的有限时间收敛特性未变。

4.4 鲁棒固定时间姿态跟踪控制律

虽然上述算法可保证系统有限时间收敛到原点或原点校邻域，但系统稳定时间是不确定的，或只能推测其上界。因此，设计固定时间收敛的姿态控制器，是该领域比较具有创新性的研究。

考虑系统（2-15）和（2-16），可知其为误差四元数的二阶系统，因此对（2-15）中第一个微分方程进行求导得

$$\ddot{\bar{\boldsymbol{q}}}_e=\frac{1}{2}(\dot{q}_{e0}\boldsymbol{I}_3+\dot{\bar{\boldsymbol{q}}}_e^{\times})\boldsymbol{\omega}_e+\frac{1}{2}(q_{e0}\boldsymbol{I}_3+\bar{\boldsymbol{q}}_e^{\times})\dot{\boldsymbol{\omega}}_e \tag{4-40}$$

根据$\boldsymbol{\omega}_e=\boldsymbol{\omega}_b-\boldsymbol{C}_{bd}\boldsymbol{\omega}_d$及式（2-10）与（2-15）得

$$\begin{aligned}\ddot{\bar{\boldsymbol{q}}}_e&=\frac{1}{4}[q_{e0}\boldsymbol{\omega}_e^{\times}+(\bar{\boldsymbol{q}}_e^{\times}\boldsymbol{\omega}_e)^{\times}]\boldsymbol{\omega}_e+\frac{1}{2}(q_{e0}\boldsymbol{I}_3+\bar{\boldsymbol{q}}_e^{\times})(\dot{\boldsymbol{\omega}}_b-\dot{\boldsymbol{C}}_{bd}\boldsymbol{\omega}_d-\boldsymbol{C}_{bd}\dot{\boldsymbol{\omega}}_d)\\&\quad-\frac{1}{4}\bar{\boldsymbol{q}}_e^{\mathrm{T}}\boldsymbol{\omega}_e\boldsymbol{\omega}_e\end{aligned}$$

$$
\begin{aligned}
&=\frac{1}{2}(q_{e0}\boldsymbol{I}_3+\bar{\boldsymbol{q}}_e^{\times})[\boldsymbol{J}_0^{-1}(-\boldsymbol{\omega}_b^{\times}\boldsymbol{J}_0\boldsymbol{\omega}_b+\boldsymbol{\tau}+\boldsymbol{d}-\Delta\boldsymbol{J}\dot{\boldsymbol{\omega}}_b)+\boldsymbol{\omega}_e^{\times}\boldsymbol{C}_{bd}\boldsymbol{\omega}_d-\boldsymbol{C}_{bd}\dot{\boldsymbol{\omega}}_d]\\
&\quad-\frac{1}{4}\bar{\boldsymbol{q}}_e\boldsymbol{\omega}_e^{\mathrm{T}}\boldsymbol{\omega}_e\\
&=\frac{1}{2}(q_{e0}\boldsymbol{I}_3+\bar{\boldsymbol{q}}_e^{\times})(-\boldsymbol{J}_0^{-1}\bullet\boldsymbol{\omega}_b^{\times}\boldsymbol{J}_0\boldsymbol{\omega}_b+\boldsymbol{\omega}_e^{\times}\boldsymbol{C}_{bd}\boldsymbol{\omega}_d-\boldsymbol{C}_{bd}\dot{\boldsymbol{\omega}}_d)\\
&\quad-\frac{1}{4}\bar{\boldsymbol{q}}_e\boldsymbol{\omega}_e^{\mathrm{T}}\boldsymbol{\omega}_e+\frac{1}{2}(q_{e0}\boldsymbol{I}_3+\bar{\boldsymbol{q}}_e^{\times})\boldsymbol{J}_0^{-1}\bullet\boldsymbol{\tau}+\boldsymbol{d}_L
\end{aligned}\tag{4-41}
$$

式中，$\boldsymbol{d}_L:=\frac{1}{2}(q_{e0}\boldsymbol{I}_3+\bar{\boldsymbol{q}}_e^{\times})\boldsymbol{J}_0^{-1}\bullet(\boldsymbol{d}-\Delta\boldsymbol{J}\dot{\boldsymbol{\omega}}_b)$。由（2-15）和（4-41）可知，以误差四元数为变量的两阶导数均可表示，并且与力矩输入有关。因此，可采用特殊的终端滑模算法设计有限时间姿态跟踪机动算法，但准确的稳定时间可事先设定。在构造控制器之前，先给出以下假设。

假设 4.2 由于惯性不确定 $\Delta\boldsymbol{J}$ 与外部扰动 $\boldsymbol{d}$ 均有界，则可假定条件 $|d_{L,i}|\leqslant d_{L,i}^*$（$i=1,2,3$）成立，其中为已知正常数。

在实际中，由于 $\boldsymbol{\omega}_b$，$\boldsymbol{\omega}_d$ 和 $\dot{\boldsymbol{\omega}}_b$ 有界且已知，则根据特性 $\|\boldsymbol{C}_{bd}\|=1$，$\|\bar{\boldsymbol{q}}_e\|\leqslant 1$，$\|q_{e0}\boldsymbol{I}_3+\bar{\boldsymbol{q}}_e^{\times}\|=1$，$\|\bar{\boldsymbol{q}}_e^{\times}\|=\|\bar{\boldsymbol{q}}_e\|$ 和 $|\dot{q}_{ei}|^{\bar{\phi}}\leqslant\psi^{\bar{\phi}}\|\boldsymbol{\omega}_e\|$（$\bar{\phi}>0$），其中 $\psi=\max\{\psi_i\}$（$i=1,2,3$），可知假设 4.2 是合理的。

设计如下滑模变量

$$
\boldsymbol{S}(t)=\boldsymbol{C}_1\bar{\boldsymbol{q}}_e+\boldsymbol{C}_2\dot{\bar{\boldsymbol{q}}}_e-\boldsymbol{w}(t)\tag{4-42}
$$

式中，$\boldsymbol{C}_m=\mathrm{diag}(c_{mj})$，$c_{mj}>0$（$m=1,2,\ j=1,2,3$）；$\boldsymbol{w}(t)=\boldsymbol{C}_1\bullet\boldsymbol{p}(t)+\boldsymbol{C}_2\bullet\dot{\boldsymbol{p}}(t)$。其中，$\boldsymbol{p}(t)=[p_1(t)\quad p_2(t)\quad p_3(t)]^{\mathrm{T}}$ 为特殊的终端函数，满足如下假设条件。

假设 4.3 $p_i:R_+\rightarrow R,\ p_i\in C^2[0,\infty)$，$\dot{p}_i,\ddot{p}_i\in L^{\infty}$，对给定的时间常数 T，p_i 在时间间隔 $[0,T]$ 内有界。设定函数初值为 $p_i(0)=q_{ei}(0)$ 和 $\dot{p}_i(0)=\dot{q}_{ei}(0)$，并且保证在 $t\geqslant T$ 时，条件 $p_i(t)=0$ 和 $\dot{p}_i(t)=0$ 成立。这里，$C^2[0,\infty)$ 指定义在区间 $[0,\infty)$ 上所有二阶连续可微函数集合，同时 $L^{\infty}[0,\infty)$ 表示在区间 $[0,\infty)$ 内所有幅值有界的函数集合。

基于假设 4.3，终端函数 $p_i(t)$ 可选用以下多项式

$$p_i(t)=\begin{cases}\sum_{k=0}^{2}\frac{1}{k!}q_{ei}(0)^{(k)}t^k+\sum_{n=0}^{2}\left(\sum_{j=0}^{2}\frac{\lambda_{nj}}{T^{n-j+3}}q_{ei}(0)^{(j)}t^{j+3}\right), & t<T\\ 0, \quad t\geqslant T\end{cases} \tag{4-43}$$

当 $t<T$ 时，函数 $p_i(t)$ 的第一项与第二项分别满足假设的条件设定，同时其参数 λ_{nj}（$n, j=0,1,2$）也可由假设 4.3 得到。所以，将式（4-43）展开表示

$$p_i(t)=\begin{cases}q_{ei}(0)+\dot{q}_{ei}(0)t+\frac{1}{2}\ddot{q}_{ei}(0)t^2+\left(\frac{\lambda_{00}}{T^3}q_{ei}(0)+\frac{\lambda_{01}}{T^2}\dot{q}_{ei}(0)+\frac{\lambda_{02}}{T}\ddot{q}_{ei}(0)\right)t^3\\ +\left(\frac{\lambda_{10}}{T^4}q_{ei}(0)+\frac{\lambda_{11}}{T^3}\dot{q}_{ei}(0)+\frac{\lambda_{12}}{T^2}\ddot{q}_{ei}(0)\right)t^4\\ +\left(\frac{\lambda_{20}}{T^5}q_{ei}(0)+\frac{\lambda_{21}}{T^4}\dot{q}_{ei}(0)+\frac{\lambda_{22}}{T^3}\ddot{q}_{ei}(0)\right)t^5, \quad \text{if } t\leqslant T\\ 0, \quad \text{if } t>T.\end{cases} \tag{4-44}$$

同时注意到当 $t\geqslant T$ 时，函数 $p_i(t)=0$ 成立，因此可得下面方程组

$$\begin{cases}\lambda_{00}+\lambda_{10}+\lambda_{20}=-1\\ 3\lambda_{00}+4\lambda_{10}+5\lambda_{20}=0\\ 6\lambda_{00}+12\lambda_{10}+20\lambda_{20}=0\end{cases}, \quad \begin{cases}\lambda_{01}+\lambda_{11}+\lambda_{21}=-1\\ 3\lambda_{01}+4\lambda_{11}+5\lambda_{21}=-1\\ 6\lambda_{01}+12\lambda_{11}+20\lambda_{21}=0\end{cases}, \quad \begin{cases}\lambda_{02}+\lambda_{12}+\lambda_{22}=-0.5\\ 3\lambda_{02}+4\lambda_{12}+5\lambda_{22}=-1\\ 6\lambda_{02}+12\lambda_{12}+20\lambda_{22}=-1\end{cases}$$

通过解这三组线性方程可得 λ_{nj} 分别为 $\lambda_{00}=-10$，$\lambda_{01}=-6$，$\lambda_{02}=-1.5$，$\lambda_{10}=15$，$\lambda_{11}=8$，$\lambda_{12}=1.5$，$\lambda_{20}=-6$，$\lambda_{21}=-3$，$\lambda_{22}=-0.5$。基于滑模面与上述分析，可建立鲁棒控制方法。

定理 4.6 考虑姿态跟踪数学模型（2-15）和（2-16），并且其满足假设 4-3。控制律

$$\begin{aligned}&\boldsymbol{\tau}=-2\boldsymbol{J}_0(q_{e0}\boldsymbol{I}_3+\bar{\boldsymbol{q}}_e^{\times})^{-1}\left[\boldsymbol{\tau}_0'+\boldsymbol{\tau}_0''+\boldsymbol{G}_L\bullet\mathrm{Sign}(\boldsymbol{S})\right]\\ &\boldsymbol{\tau}_0'=\boldsymbol{C}_2^{-1}\boldsymbol{C}_1(\dot{\bar{\boldsymbol{q}}}_e-\dot{\boldsymbol{p}}(t))-\ddot{\boldsymbol{p}}(t)\\ &\boldsymbol{\tau}_0''=\frac{1}{2}(q_{e0}\boldsymbol{I}_3+\bar{\boldsymbol{q}}_e^{\times})(-\boldsymbol{J}_0^{-1}\bullet\boldsymbol{\omega}_b^{\times}\boldsymbol{J}_0\boldsymbol{\omega}_b+\boldsymbol{\omega}_e^{\times}\boldsymbol{C}_{bd}\boldsymbol{\omega}_d-\boldsymbol{C}_{bd}\dot{\boldsymbol{\omega}}_d)-\frac{1}{4}\bar{\boldsymbol{q}}_e\boldsymbol{\omega}_e^{\mathrm{T}}\boldsymbol{\omega}_e\end{aligned} \tag{4-45}$$

式中，$\boldsymbol{G}_L=\mathrm{diag}(d_{L,i}^*+\lambda_{L,i})$，$\lambda_{L,i}>0$。该控制律可保证误差四元数变量可在有限时间 T 内收敛到原点。

选 Lypunov 函数为：

$$V=\frac{1}{2}\boldsymbol{S}^{\mathrm{T}}\boldsymbol{S} \tag{4-46}$$

对其求关于时间 t 的导数

$$\begin{aligned}\dot{V}&=\boldsymbol{S}^{\mathrm{T}}\left[\boldsymbol{C}_1(\dot{\bar{\boldsymbol{q}}}_e-\dot{\boldsymbol{p}}(t))+\boldsymbol{C}_2(\ddot{\bar{\boldsymbol{q}}}_e-\ddot{\boldsymbol{p}}(t))\right]\\&=\boldsymbol{S}^{\mathrm{T}}\boldsymbol{C}_2\left[\frac{1}{2}(q_{e0}\boldsymbol{I}_3+\bar{\boldsymbol{q}}_e^{\times})(-\boldsymbol{J}_0^{-1}\bullet\boldsymbol{\omega}_b^{\times}\boldsymbol{J}_0\boldsymbol{\omega}_b+\boldsymbol{\omega}_e^{\times}\boldsymbol{C}_{bd}\boldsymbol{\omega}_d-\boldsymbol{C}_{bd}\dot{\boldsymbol{\omega}}_d)-\frac{1}{4}\bar{\boldsymbol{q}}_e\boldsymbol{\omega}_e^{\mathrm{T}}\boldsymbol{\omega}_e\right]+\\&\quad\boldsymbol{S}^{\mathrm{T}}\boldsymbol{C}_2[\boldsymbol{C}_2^{-1}\mathbf{C}_1(\dot{\bar{\boldsymbol{q}}}_e-\dot{\boldsymbol{p}}(t))-\ddot{\boldsymbol{p}}(t)]+\boldsymbol{S}^{\mathrm{T}}\boldsymbol{C}_2\left[\frac{1}{2}(q_{e0}\boldsymbol{I}_3+\bar{\boldsymbol{q}}_e^{\times})\boldsymbol{J}_0^{-1}\bullet\boldsymbol{\tau}+\boldsymbol{d}_L\right]\end{aligned} \tag{4-47}$$

将式（4-45）代入上式中可得

$$\begin{aligned}\dot{V}&=\boldsymbol{S}^{\mathrm{T}}\boldsymbol{C}_2(-\boldsymbol{G}_L\bullet\mathrm{Sign}(\boldsymbol{S})+\boldsymbol{d}_L)\\&\leqslant-c_{2i}\left|S_i\right|(\lambda_{L,i}+d_{L,i}^{*}-d_{L,i})\\&\leqslant-\sqrt{2}\min(c_{2i}\lambda_{L,i})V^{1/2}\end{aligned} \tag{4-48}$$

由上式可知，即使滑模变量在受到扰动影响时偏离滑模面，仍然可在有限时间内收敛到滑动模态。另外，基于假设 4-3 及终端函数的构造可得下式

$$\begin{cases}\boldsymbol{S}(t,\bar{\boldsymbol{q}}_e)=\boldsymbol{C}_2\leqslant\bullet\dot{\bar{\boldsymbol{q}}}_e(0)+\boldsymbol{C}_1\bullet\bar{\boldsymbol{q}}_e(0)-(\boldsymbol{C}_2\dot{\boldsymbol{p}}(0)+\boldsymbol{C}_1\bullet\boldsymbol{p}(0))=0\\\dot{\boldsymbol{S}}(t,\bar{\boldsymbol{q}}_e)=\boldsymbol{C}_2(\ddot{\bar{\boldsymbol{q}}}_e(0)-\ddot{\boldsymbol{p}}(0))+\boldsymbol{C}_1\bullet(\dot{\bar{\boldsymbol{q}}}_e(0)-\dot{\boldsymbol{p}}(0))=0\end{cases} \tag{4-49}$$

所以，滑模变量几乎处处在滑模面上。由于当 $t\geqslant T$ 时，$\boldsymbol{p}(t)=\boldsymbol{0}$ 成立，所以 $\bar{\boldsymbol{q}}_e(t)=\boldsymbol{0}$ 同样成立。因此，姿态跟踪误差可在固定时间内稳定到原点。

此外，注意到在控制器（4-45）中出现 $(q_{e0}\boldsymbol{I}_3+\bar{\boldsymbol{q}}_e^{\times})^{-1}$ 项，由于 $\det(q_{e0}\boldsymbol{I}_3+\bar{\boldsymbol{q}}_e^{\times})=q_{e0}$ 成立，所以当 $q_{e0}=0$ 时将导致奇异。采用其他算法与上述算法结合避免该问题，如根据 PID 器可给出如下控制律

$$\boldsymbol{\tau}=\boldsymbol{\omega}_b^{\times}\boldsymbol{J}_0\boldsymbol{\omega}_b-\boldsymbol{J}_0(\boldsymbol{\omega}_b^{\times}\boldsymbol{C}_{bd}\boldsymbol{\omega}_b-\boldsymbol{C}_{bd}\dot{\boldsymbol{\omega}}_d)-k_d\boldsymbol{\omega}_e-k_p\bar{\boldsymbol{q}}_e-k_i\int_0^t\bar{\boldsymbol{q}}_e\mathrm{d}t,\ \left|q_{e0}\right|\leqslant\varpi_0\ll 1 \tag{4-50}$$

其中 ϖ_0 是在零点附近很小的正常数。当 $\left|q_{e0}\right|>\varpi_0$ 时，仍选用控制器（4-45）。在实际应用中，姿态跟踪误差角相对不太大，而且 q_{e0} 一般单调减小。如果判断初始值 q_{e0} 大于零，则可直接采用控制器（4-45），否则两者结

合使用。

评注 4.1 虽然控制器(4-45)在大多数情况下可直接运用，但对 $q_{e0}=0$ 的讨论则是不可避免的。在文献［55，59，68］中，姿态跟踪控制器中同样含有 $(q_{e0}\boldsymbol{I}_3+\bar{\boldsymbol{q}}_e^{\times})^{-1}$ 项，然而作者并未提供控制器奇异的相关信息，这是不合理的。

4.5 数值算例

为验证姿态稳定及姿态跟踪算法的有效性，利用 MATLAB/Simulation 软件，对刚体卫星姿态系统进行数值仿真。

4.5.1 姿态稳定控制算法仿真与分析

考虑刚体卫星姿态稳定系统：转动惯量为 $\boldsymbol{J}_0=\mathrm{diag}(15,15,15)$，初始值为 $\boldsymbol{q}_b=[0.2,-0.2,0.3,0.911]^{\mathrm{T}}$ 和 $\boldsymbol{\omega}_b=[-0.24,0.21,-0.17]^{\mathrm{T}}$，不确定惯性矩阵及外部干扰分别为 $\Delta\boldsymbol{J}\leqslant 0.2\boldsymbol{J}_0$ 和 $\boldsymbol{d}=[0.018\sin(t),0.01\sin(1.5t),0.012\sin(2t+1)]^{\mathrm{T}}$。控制器参数为 $G=1.0$，$\alpha_1=0.5$，$\rho=2/3$ 及 $k_1=k_2=1$。

图 4-1 及图 4-4 为鲁棒有限时间控制器（4-11）作用下姿态系统仿真结果。从图中可看出，存在惯性不确定及外部扰动的条件下，卫星姿态角与转动角速度仍可快速稳定到原点附近，并且控制精度较高。在本体坐标系内，根据图 4-1 和图 4-2 可知，姿态四元数及姿态角速度收敛时间分别为 2.87 s

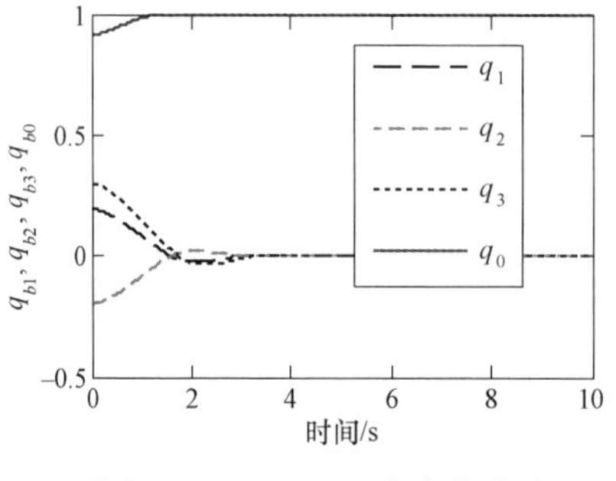

图 4-1 FTC 四元数变化曲线

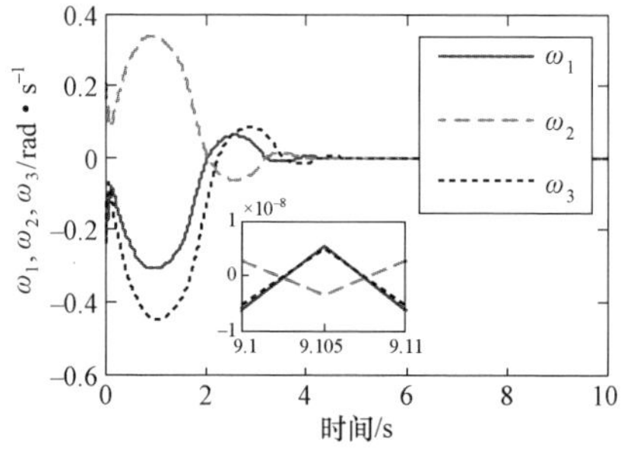

图 4-2 FTC 姿态角速度变化曲线

和 4.63 s，这里收敛时间指保证系统姿态角速度从初值到达含原点的邻域 $|\omega_{bi}| \leqslant 5e-4$ 内。此外，从图 4-3 和图 4-4 可知，由于切换项增益的设定使得滑模变量在很短时间内到达滑模面，并且采用连续函数代替符号函数减小了滑模面上的抖动，以及排除输入力矩的高频开关。

图 4-5 与图 4-6 分别给出了利用自适应有限时间姿态控制器（4-6）、（4-8）和（4-12）所得到的卫星转动姿态及角速度响应趋势。从两图中可看出采用自适应姿态控制器并没有改变控制性能，并且稳定时间与之前相比变化不大。然而，滑模变量的收敛时间略微变长，如图 4-3 与图 4-7 所示；较为显著的是减小了输入转矩或节省了能量需求，这点可根据图 4-4 和图 4-8 得出。图 4-9 给出动态增益的变化曲线，与确定增益相比，数值较小。另外，自适应律（4-12）中初值 $\hat{G}(0)$ 与自适应率 ρ 可根据情况设定，避免了对惯性不确定性及外部扰动的先验信息的要求，该方法便于实际应用。

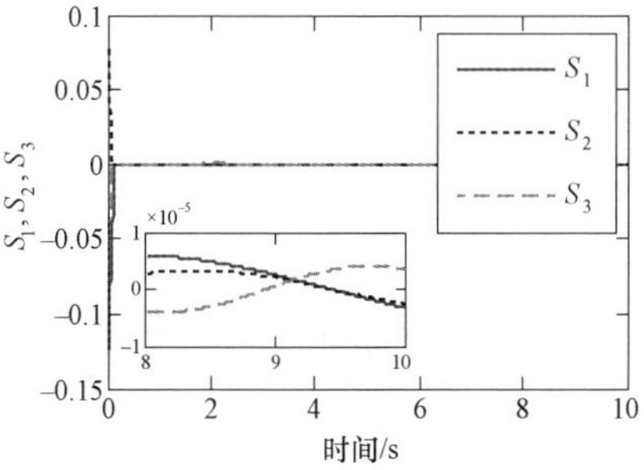

图 4-3　FTC 滑模变量随时间变化趋势

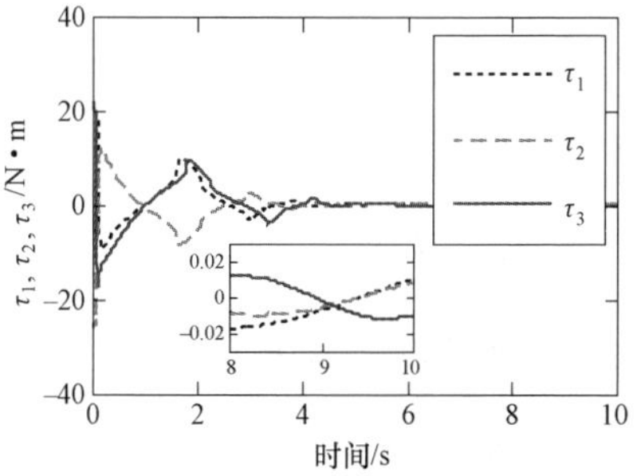

图 4-4　FTC 转矩输入曲线

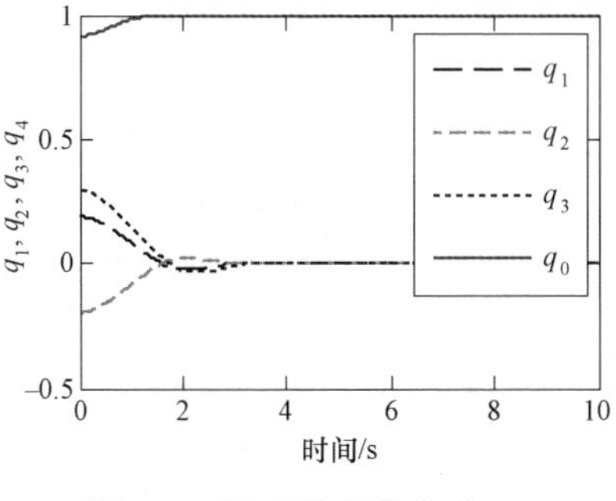

图 4-5　四元数变化曲线

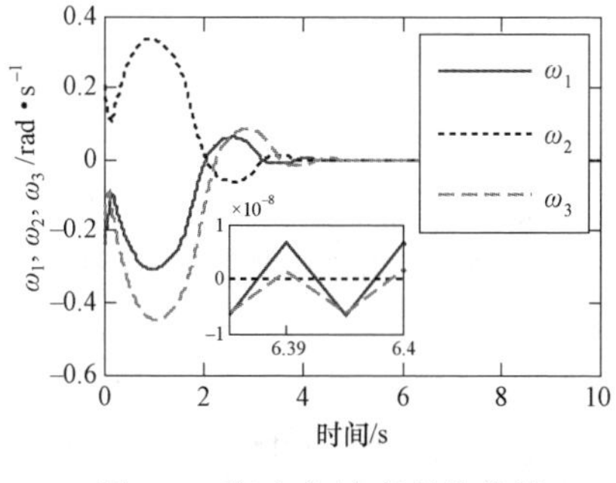

图 4-6　姿态角速度变化曲线

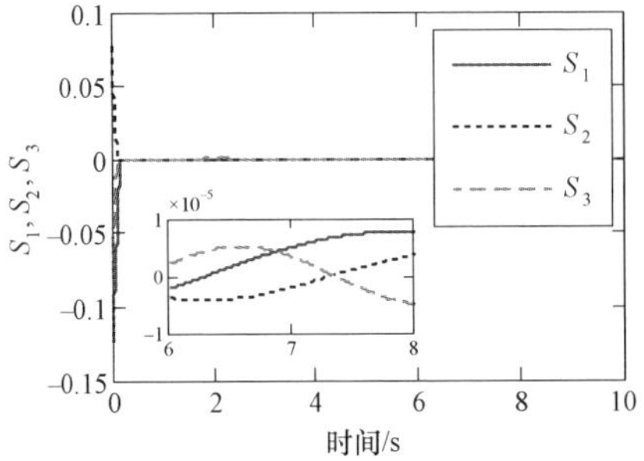

图 4-7　滑模变化曲线

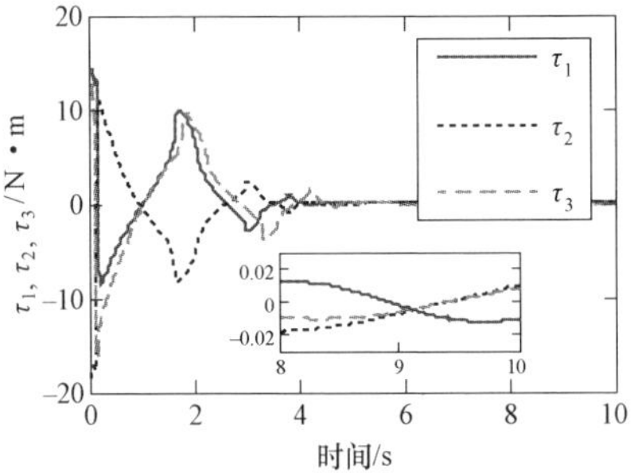

图 4-8　转矩输入曲线

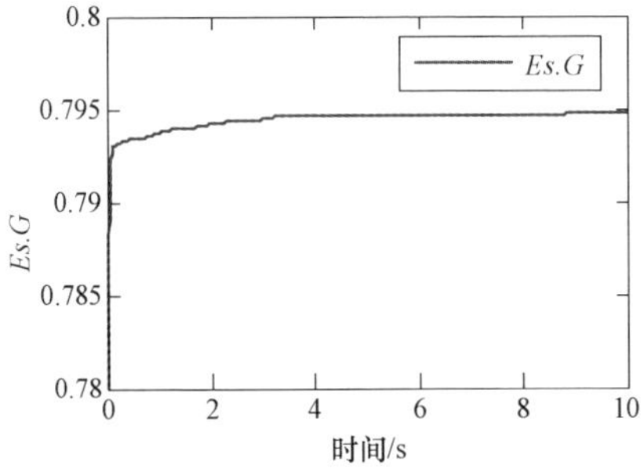

图 4-9　自适应增益（*Es.G* 指增益估计值 $\hat{G}$ ）

在姿态控制器（4-11）中，如果设定 $\alpha_1=\alpha_2=1$，有限时间控制器（4-11）成为积分滑模姿态稳定控制器。将积分滑模控制器应用于姿态稳定系统，相关的响应曲线如图 4-10 至图 4-13 中所示。因为积分滑模控制为渐近控制，所以四元数及姿态角速度响应均变慢及收敛时间变长；同时，姿态控制精度也变差。

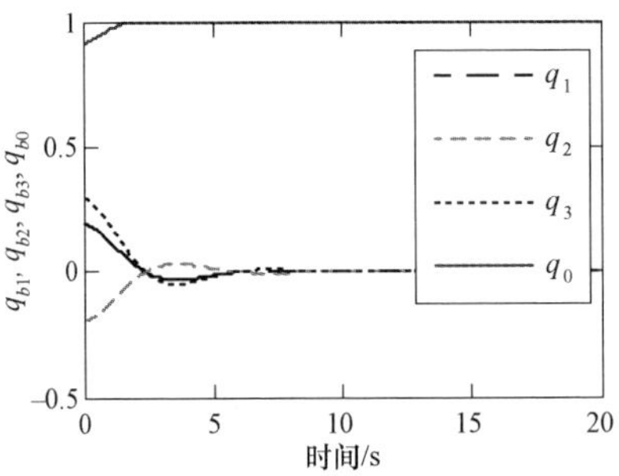

图 4-10　四元数变化曲线

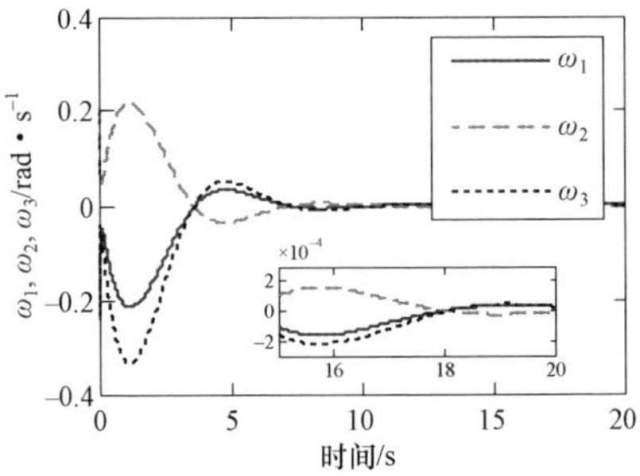

图 4-11　姿态角速度变化趋势

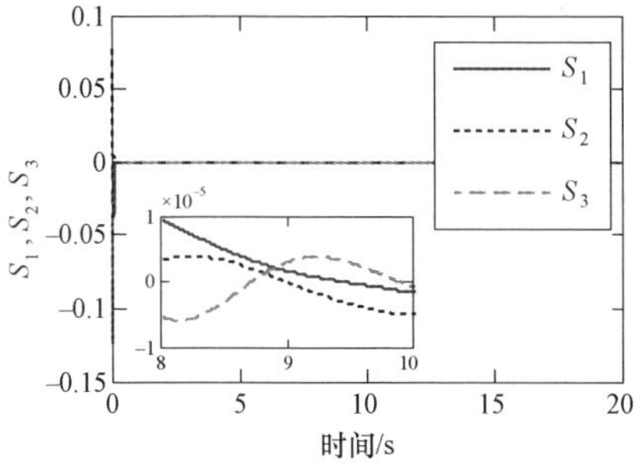

图 4-12 滑模变化曲线

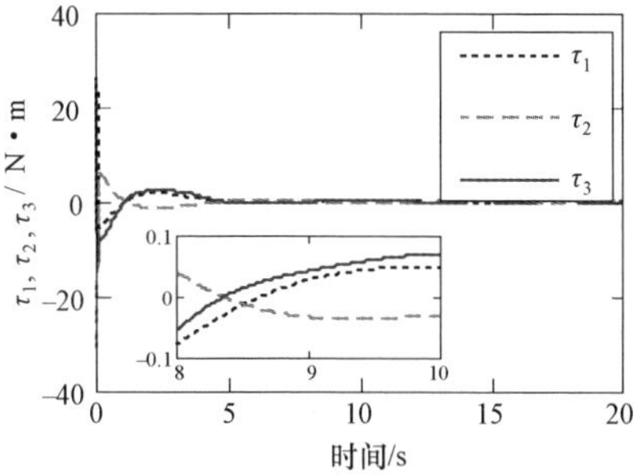

图 4-13 转矩输入变化

4.5.2 有限时间姿态跟踪控制仿真

考虑刚体卫星姿态跟踪问题，其中惯性矩阵的标称部分为 $\boldsymbol{J}_0 = \begin{bmatrix} 10 & 1.2 & 0.9 \\ 1.2 & 12 & 1.4 \\ 0.9 & 1.4 & 11 \end{bmatrix} \text{kg} \cdot \text{m}^2$，外部扰动为 $\boldsymbol{d} = 0.000\,82[\sin(1.5t), \sin(3t), \sin(2t)]^{\text{T}}\,\text{N} \cdot \text{m}$，惯性矩阵不确定部分为 $\Delta \boldsymbol{J} = \text{diag}(0.2, 0.2, 0.3)\,\text{kg} \cdot \text{m}^2$。卫星的执行机构为三轴反应轮，如图 4-14 所示，按照俯仰—偏航—滚转序列调整姿态。自适应姿态跟踪控制器（4-23）至（4-25）、（4-28）、（4-29）和（4-36）的参数为 $\alpha_1 = 0.5$，$\rho_i = 0.89$，$\phi_{i,j} = 0.005$，$\theta_{i,1} = 1.05$，$\theta_{i,2} = 0.2$，$T_e = 0.001$，$\overline{k}_p = 15$，$\overline{\eta}_i = 0.01$，$\boldsymbol{K}_1 = \text{diag}(1.0, 1.0, 1.0)$，$\boldsymbol{K}_2 = \text{diag}(1.5, 1.5, 1.5)$。期望的角速度 $\boldsymbol{\omega}_d = 0.05 [\sin(\pi t / 100), \sin(2\pi t / 100), \sin(3\pi t / 100)]^{\text{T}}\,\text{rad/s}$ 及四元数初值 $\boldsymbol{q}_d = [0, 0, 0, 1]$，而本体坐标系中姿态四元数及角速度的初值分别为 $\boldsymbol{q}_b = [0.3, -0.2, -0.3, 0.883\,2]^{\text{T}}$ 和 $\boldsymbol{\omega}_b = [-0.24, 0.18, 0.3]^{\text{T}}\,\text{rad/s}$。

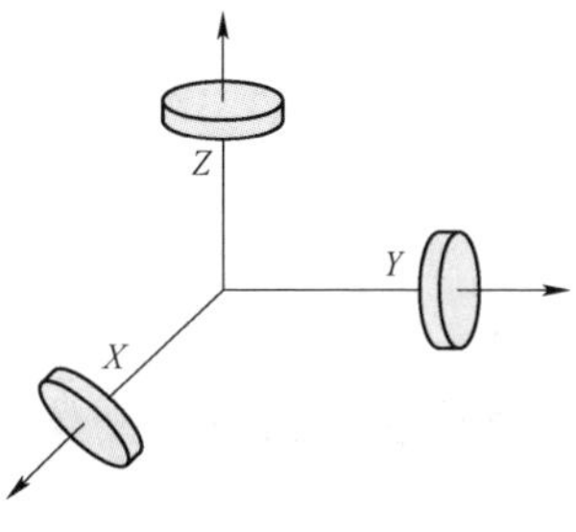

图 4-14 三轴反应飞轮的配置

图 4-15 和图 4-16 分别描述了在卫星姿态在跟踪机动算法（4-23）至（4-25），（4-28），（4-29）和（4-36）下的误差四元数及角速度跟踪误差响应曲线。从两图可看出误差四元数与角速度的稳定时间分别为2.83 s 和4.31 s，并且根据图 4-16 还可得到对误差角速度信号的控制精度为 1.82e-6 rad/s。图 4-17 所示滑模变量收敛到滑模超平面，但是稳定时间较长。因此，在运用自适应增益方法（4-29）时应根据实际情形，并且增益 $\hat{G}_i$ 初值与实际扰动上界接近。图 4-18 表示将自适应滑模方法与饱和函数结合时姿态转矩输入曲线。同时，为显示提出的自适应律对于总不确定扰动的适应能力较强，将时变增益和部分总不确定扰动在图 4-19 中标出。

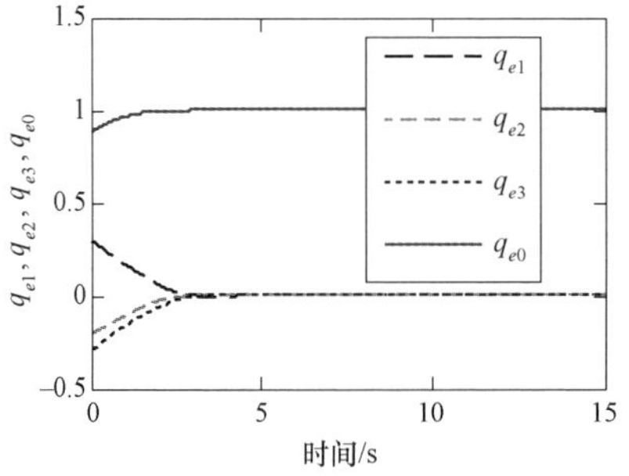

图 4-15　误差四元数变化曲线

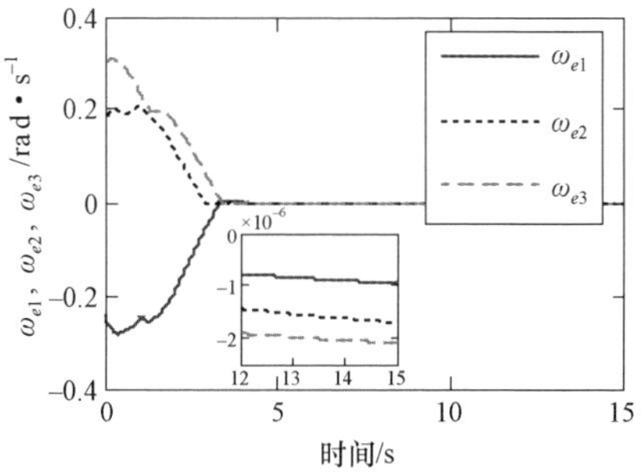

图 4-16　误差角速度变化趋势

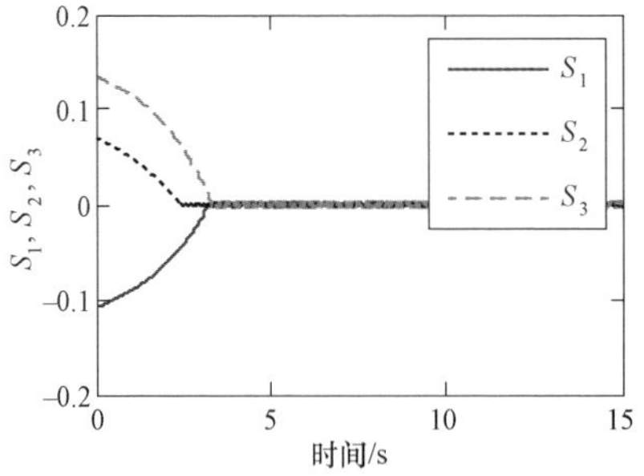

图 4-17　滑模变化曲线

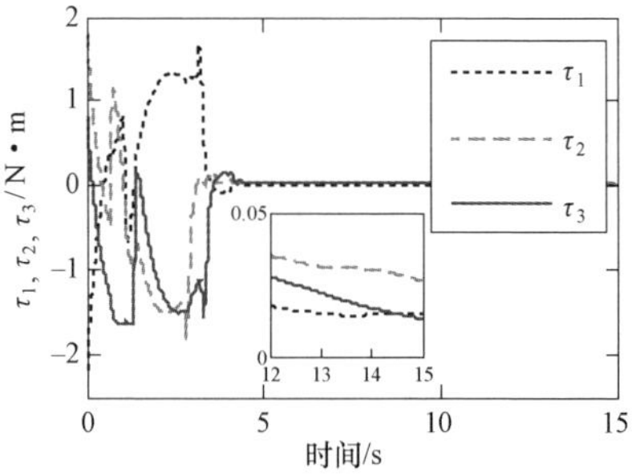

图 4-18　输入转矩变化趋势

同样，当 $\alpha_1 = \alpha_2 = 1$ 时，控制器（4-23）至（4-25）、（4-28）、（4-29）和（4-36）变为自适应积分滑模算法，相应的刚体卫星姿态系统响应曲线如图 4-20 至图 4-23 所示。

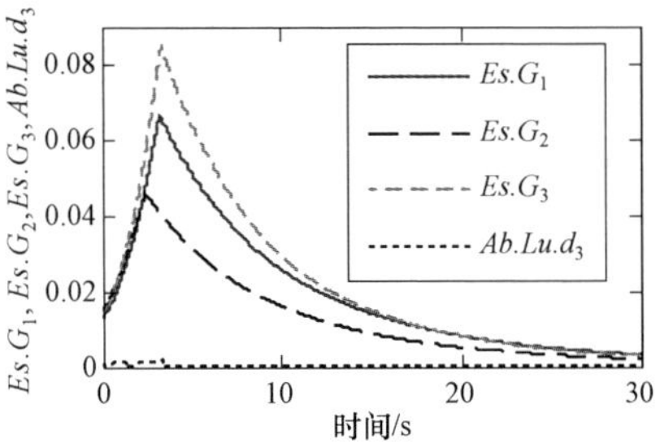

图 4-19　自适应滑模增益及总不确定扰动

（Es. G_1 指 $\hat{G}_1$，Es. G_2 指 $\hat{G}_2$，Es. G_2 指 $\hat{G}_3$，Ab.Lu.d_3 指 $\left|\tilde{d}_3\right|$）

根据图 4-19、图 4-16 至图 4-20、图 4-23 对比结果可知，系统状态稳定时间变长，并且控制精度变差。另外，增益 $\hat{G}_i$ 初值应略大于总确定扰动，这样可以减小滑模变量的收敛时间，避免滑模变量稳定时间大于系统状态的收敛时间。

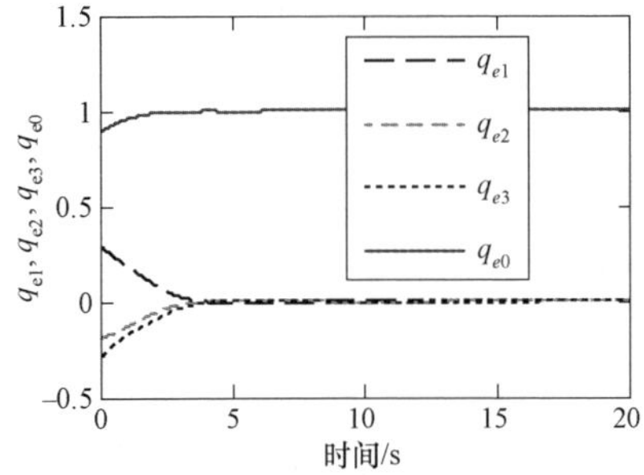

图 4-20　误差四元数曲线

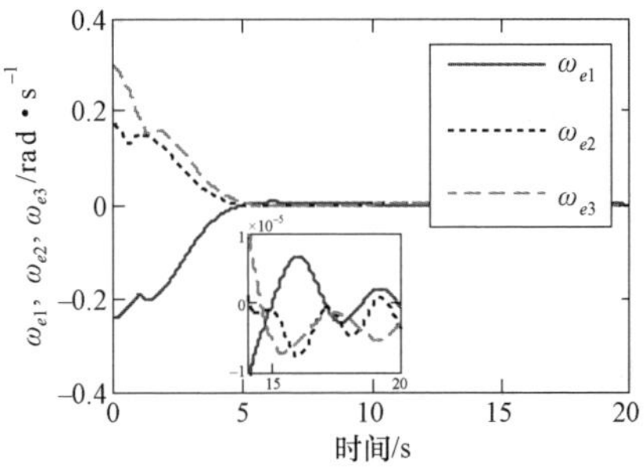

图 4-21　误差角速度曲线

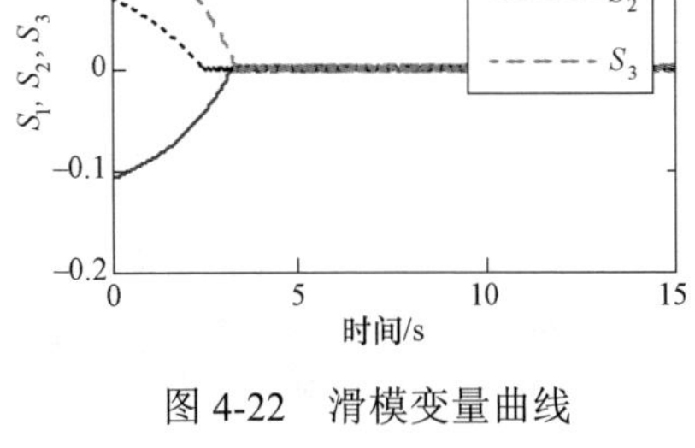

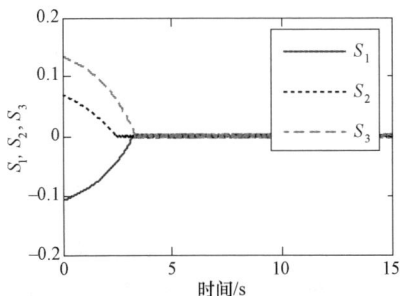

图 4-22　滑模变量曲线

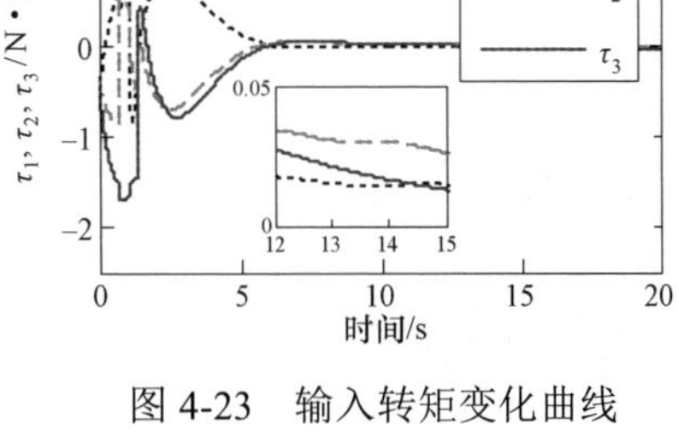

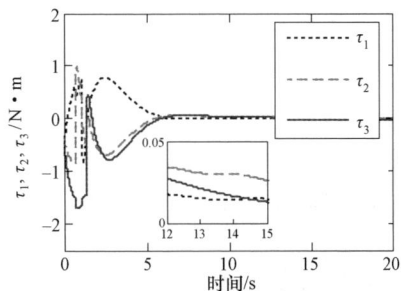

图 4-23　输入转矩变化曲线

4.5.3 固定时间姿态跟踪仿真

考虑刚体卫星姿态跟踪问题，标称惯性矩阵为$\boldsymbol{J}_0=\mathrm{diag}(15,15,15)$，惯性矩阵不确定部分满足$\Delta\boldsymbol{J}_{ij}\leqslant 0.2\boldsymbol{J}_{ii}$（$i=1,2,3$，$j=1,2,3$），外部扰动为

$$\boldsymbol{d}=\begin{bmatrix}4+0.2\sin(0.1\pi t)\\5+0.5\sin(0.2\pi t)\\4+0.1\sin(0.1\pi t)\end{bmatrix}\times10^{-3}\mathrm{N\cdot m}$$，控制器参数为$\lambda_{L,i}=0.3$（$i=1,2,3$），$d_{L,1}^*=4.6$，$d_{L,1}^*=6.7$，$d_{L,1}^*=5.7$，$\boldsymbol{C}_1=\mathrm{diag}(5,5,5)$，$\boldsymbol{C}_2=\mathrm{diag}(1,1,1)$，$k_p=15$，$k_d=3$，$k_i=8$和$\varpi_0=0.002$。卫星本体坐标系内姿态四元数与角速度初值为$\boldsymbol{q}_b=[0.2,-0.2,0.3,0.911]^{\mathrm{T}}$和$\boldsymbol{\omega}_b=[-0.34,0.37,-0.47]^{\mathrm{T}}$。另外，期望姿态角速度及四元数初值分别为$\boldsymbol{\omega}_b=[\sin(t),-\sin(t),2\sin(2t)]^{\mathrm{T}}\times10^{-2}$ rad/s和$\boldsymbol{q}_d=[0,0.3,0.1,3/\sqrt{10}]^{\mathrm{T}}$。同时，事先设定姿态稳定时间为$T=2.0$ s。

图4-24和图4-25分别为本研究鲁棒固定时间算法作用下卫星姿态跟踪系统响应曲线。从两图中可以清晰看出，系统状态可在规定的时间内收敛到原点。曲线为根据四元数转化得到的欧拉角结果。在图4-26中曲线是姿态欧拉角随时间变化趋势。可以看出，在面对不确定惯性扰动和外部扰动影响下，提出的方法可保证卫星姿态大角度跟踪机动，用于监视各种地面快速移动目标。图4-27描述输入力矩随时间变化曲线，相关算法（4-45）中采用类似连续函数取代开关函数，所以转矩控制是连续的且在合理的范围内。

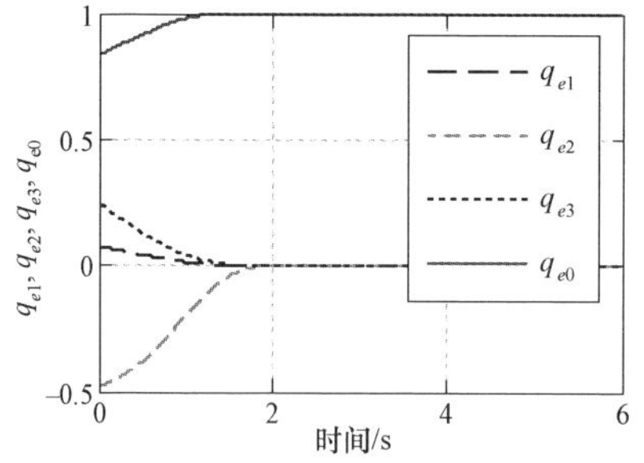

图4-24 误差四元数变化曲线

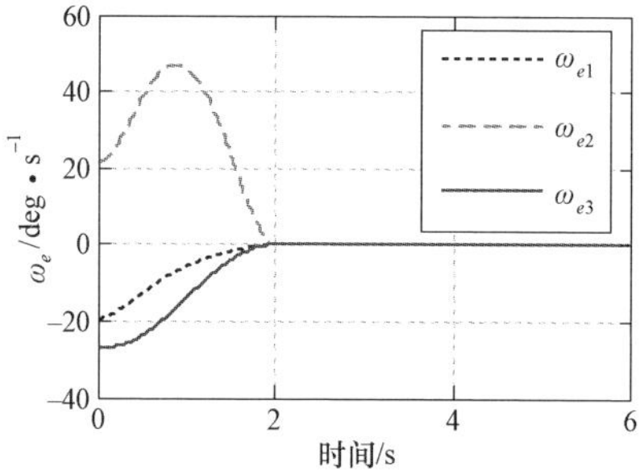

图4-25 误差角速度变化趋势

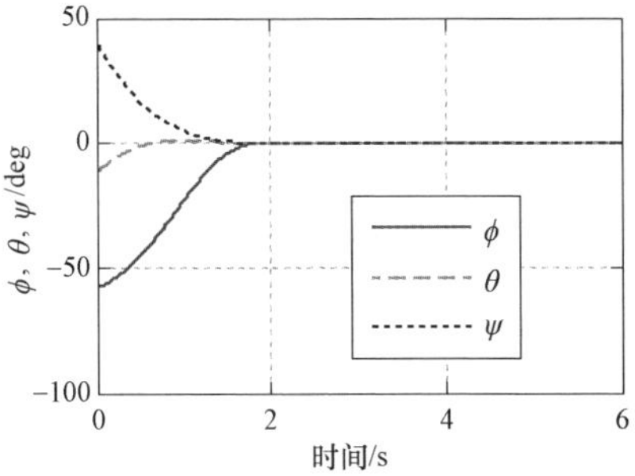

图 4-26　欧拉角变化曲线

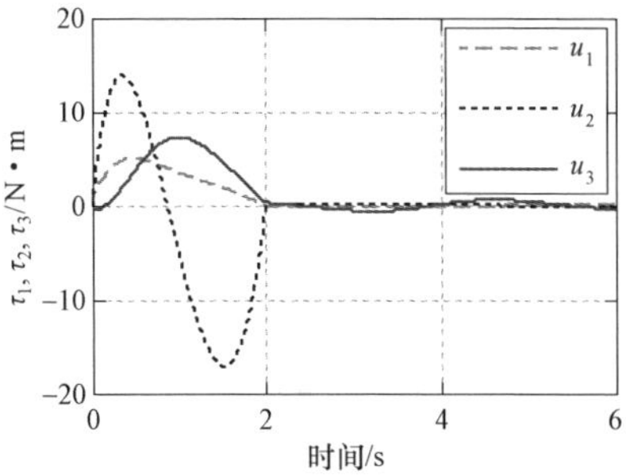

图 4-27　输入转矩变化趋势

4.6　本章小结

针对刚体卫星的姿态稳定与跟踪问题，本章提出几种不同的新型控制律。首先，对于姿态稳定问题，将状态空间概念引入其中，同时基于几何齐次性理论与积分滑模方法，提出了一种有限时间稳定算法。随后，采用自适应律替换原固定增益的滑模方法，避免对惯性扰动及外部扰动上界的需要。其次，针对姿态跟踪机动问题，将模型转换为类 Lagrange 形式，建立了一种自适应有限时间控制算法。同时发展了相关的自适应滑模方法，并将该算法运用于自适应有限时间姿态跟踪控制器的设计，避免了切换增益的过度增加及对总不确定上界的过度估计。根据现存的有限时间姿态控制器不能确定收敛时间的缺点，提出了一种固定时间稳定的鲁棒姿态跟踪机动算法。最后，通过数值仿真验证了所提算法的有效性及可靠性。

第 5 章　基于修正罗德里格参数的姿态控制方法

5.1 引　言

针对实际卫星等航天器的姿态确定，常选用欧拉角与四元数进行描述。当姿态小角度变化时，可采用欧拉角表示，物理意义直观且无冗余；但在大角度运动时会出现奇异，因此基于六自由度构建的飞行器数学模型常采用四元数进行描述，避免三角函数造成的奇异现象。然而，四元数存在四个变量，在姿态解算时计算量较大，即存在冗余，而且其规范化条件还会在姿态确定中导致误差方差阵奇异，需要对其进行降阶处理。

本章采用修正罗德里格参数描述姿态角，进而研究鲁棒姿态控制算法。三维 MRPs 参数虽然也出现奇异，但可通过原映射及其影子映射之间切换来避免奇异性。与四元数相比，计算效率显著提高，实时性更强。基于修正罗德里格参数，Du 等[77]选用加幂积分器与有限时间稳定方法设计姿态鲁棒跟踪控制及同步算法。类似，Zou 根据修正罗德里格参数与加幂积分器构造有限时间观测器与控制器[78]，避免了角速度测量的需要。针对饱和约束条件下姿态稳定问题，Hu 等[79]设计了相似的快速收敛的观测器与控制器。上述算法较为复杂，并且参数不易选择。Cong 等[42]根据扰动观测器与自适应滑模方法构造姿态跟踪控制算法，但只能保证系统渐近稳定，而且系统的稳定性分析略显不足。

滑模方法在航空航天领域有广泛的应用，而最简单可靠的减小抖振的方法仍为近似开关函数替换法。其中，饱和函数或边界层法应用较多，而自适应与边界层法结合也成为比较实用的方法。基于修正罗德里格参数，在本章中采用快速终端滑模方法与自适应方法，设计有限时间姿态稳定控制律；其次，根据几何齐次性理论与自适应滑模边界层法，提出一种鲁棒姿态跟踪控制算法。此外，注意到上章中姿态数学模型的类 Lagrange 形式，在控制器的运用时，需要考虑四元数的奇异现象。而采用修正罗德里格参数描述姿态，可避免这种问题。

5.2　基于光滑二阶滑模的姿态稳定控制方法

由式（2-17）可知当$\phi(t)\to\pm 2\pi$时，MRPs 集将会将会奇异。因此，可运用原 MRPs 对应的影子向量$\boldsymbol{\sigma}^{\mathrm{s}}=-\boldsymbol{\sigma}/(\boldsymbol{\sigma}^{\mathrm{T}}\boldsymbol{\sigma})$来避免，即当$\boldsymbol{\sigma}^{\mathrm{T}}\boldsymbol{\sigma}>1$成立时，选择$\boldsymbol{\sigma}^{\mathrm{s}}$描述相应姿态。所以，该方法可表示无奇异的全局姿态旋转，同时保证 MRPs 始终有界。

对式（2-18）中姿态运动学求导得

$$\ddot{\boldsymbol{\sigma}}_b=\dot{\boldsymbol{M}}(\boldsymbol{\sigma}_b)\boldsymbol{\omega}_b+\boldsymbol{M}(\boldsymbol{\sigma}_b)\dot{\boldsymbol{\omega}}_b \tag{5-1}$$

根据矩阵可逆引理$\boldsymbol{J}^{-1}=(\boldsymbol{J}_0+\Delta\boldsymbol{J})^{-1}=\boldsymbol{J}_0^{-1}+\Delta\hat{\boldsymbol{J}}$，$\Delta\hat{\boldsymbol{J}}=-\boldsymbol{J}_0^{-1}\Delta\boldsymbol{J}(\boldsymbol{I}_3+\boldsymbol{J}_0^{-1}\Delta\boldsymbol{J})^{-1}\boldsymbol{J}_0^{-1}$及姿态动力学方程可得

$$\begin{aligned}
\ddot{\boldsymbol{\sigma}}_b&=\dot{\boldsymbol{M}}(\boldsymbol{\sigma}_b)\boldsymbol{\omega}_b+\boldsymbol{M}(\boldsymbol{\sigma}_b)\boldsymbol{J}^{-1}(-\boldsymbol{\omega}_b^{\times}\boldsymbol{J}^{-1}\boldsymbol{\omega}_b+\boldsymbol{\tau}+\boldsymbol{d}(t))\\
&=\frac{1}{2}[-\boldsymbol{\sigma}_b^{\mathrm{T}}\dot{\boldsymbol{\sigma}}_b\boldsymbol{J}_3+\dot{\boldsymbol{\sigma}}_b^{\times}+\dot{\boldsymbol{\sigma}}_b\boldsymbol{\sigma}_b^{\mathrm{T}}+\boldsymbol{\sigma}_b\dot{\boldsymbol{\sigma}}_b^{\mathrm{T}}]\boldsymbol{\omega}_b+\boldsymbol{M}(\boldsymbol{\sigma}_b)(\boldsymbol{J}_0^{-1}+\Delta\hat{\boldsymbol{J}})[-\boldsymbol{\omega}_b^{\times}\boldsymbol{J}\boldsymbol{\omega}_b+\boldsymbol{\tau}+\boldsymbol{d}(t)]\\
&=\frac{1}{2}[-\boldsymbol{\sigma}_b^{\mathrm{T}}\dot{\boldsymbol{\sigma}}_b\boldsymbol{I}_3+\dot{\boldsymbol{\sigma}}_b^{\times}+\dot{\boldsymbol{\sigma}}_b\boldsymbol{\sigma}_b^{\mathrm{T}}+\boldsymbol{\sigma}_b\dot{\boldsymbol{\sigma}}_b^{\mathrm{T}}]\boldsymbol{\omega}_b+\boldsymbol{M}(\boldsymbol{\sigma}_b)\boldsymbol{J}_0^{-1}[-\boldsymbol{\omega}_b^{\times}(\boldsymbol{J}_0+\Delta\boldsymbol{J})\boldsymbol{\omega}_b+\boldsymbol{\tau}+\boldsymbol{d}(t)]\\
&\quad+\boldsymbol{M}(\boldsymbol{\sigma}_b)\Delta\hat{\boldsymbol{J}}(\boldsymbol{\omega}_b^{\times}\boldsymbol{J}\boldsymbol{\omega}_b+\boldsymbol{\tau}+\boldsymbol{d}(t))\\
&=\frac{1}{2}[-\boldsymbol{\sigma}_b^{\mathrm{T}}\dot{\boldsymbol{\sigma}}_b\boldsymbol{I}_3+\dot{\boldsymbol{\sigma}}_b^{\times}+\dot{\boldsymbol{\sigma}}_b\boldsymbol{\sigma}_b^{\mathrm{T}}+\boldsymbol{\sigma}_b\dot{\boldsymbol{\sigma}}_b^{\mathrm{T}}]\boldsymbol{\omega}_b-\boldsymbol{M}(\boldsymbol{\sigma}_b)\boldsymbol{J}_0^{-1}\boldsymbol{\omega}_b^{\times}\boldsymbol{J}_0\boldsymbol{\omega}_b+\boldsymbol{M}(\boldsymbol{\sigma}_b)\boldsymbol{J}_0^{-1}\boldsymbol{\tau}\\
&\quad-\boldsymbol{M}(\boldsymbol{\sigma}_b)\boldsymbol{J}_0^{-1}\boldsymbol{\omega}_b^{\times}\Delta\boldsymbol{J}\boldsymbol{\omega}_b+\boldsymbol{M}(\boldsymbol{\sigma}_b)\boldsymbol{J}_0^{-1}\boldsymbol{d}(t)\\
&\quad+\boldsymbol{M}(\boldsymbol{\sigma}_b)\Delta\hat{\boldsymbol{J}}[-\boldsymbol{\omega}_b^{\times}\boldsymbol{J}\boldsymbol{\omega}_b+\boldsymbol{\tau}+\boldsymbol{d}(t)]\\
&=\frac{1}{2}[-\boldsymbol{\sigma}_b^{\mathrm{T}}\dot{\boldsymbol{\sigma}}_b\boldsymbol{I}_3+\dot{\boldsymbol{\sigma}}_b^{\times}+\dot{\boldsymbol{\sigma}}_b\boldsymbol{\sigma}_b^{\mathrm{T}}+\boldsymbol{\sigma}_b\dot{\boldsymbol{\sigma}}_b^{\mathrm{T}}]\boldsymbol{\omega}_b-\boldsymbol{M}(\boldsymbol{\sigma}_b)\boldsymbol{J}_0^{-1}\boldsymbol{\omega}_b^{\times}\boldsymbol{J}_0\boldsymbol{\omega}_b+\boldsymbol{M}(\boldsymbol{\sigma}_b)\boldsymbol{J}_0^{-1}\boldsymbol{\tau}+\boldsymbol{d}_A(t)
\end{aligned} \tag{5-2}$$

式中，$\boldsymbol{d}_A(t) = -\boldsymbol{M}(\boldsymbol{\sigma}_b)\boldsymbol{J}_0^{-1}\boldsymbol{\omega}_b^{\times}\Delta\boldsymbol{J}\boldsymbol{\omega}_b + \boldsymbol{M}(\boldsymbol{\sigma}_b)\boldsymbol{J}_0^{-1}\boldsymbol{d}(t) + \boldsymbol{M}(\boldsymbol{\sigma}_b)\Delta\hat{\boldsymbol{J}}(-\boldsymbol{\omega}_b^{\times}\boldsymbol{J}\boldsymbol{\omega}_b + \boldsymbol{\tau} + \boldsymbol{d}(t))$。在构造姿态稳定控制律之前，首先假设总不确定扰动满足下面条件。

假设 5.1 考虑惯性不确定 $\Delta\boldsymbol{J}$ 与外部扰动 $\boldsymbol{d}(t)$ 均满足以上条件，则总不确定 $\boldsymbol{d}_A(t)$ 仍为有界扰动，即 $\|\boldsymbol{d}_A(t)\| \leqslant d_A^*$。

由于 $\Delta\boldsymbol{J}$、$\boldsymbol{d}(t)$、$\boldsymbol{\sigma}_b$、$\boldsymbol{\omega}_b$ 和 $\boldsymbol{\tau}$ 均为有界变量，因此可知 $\|\boldsymbol{M}(\boldsymbol{\sigma}_b)\| = \frac{1}{4}\left(\|\boldsymbol{\sigma}_b\|^2 + 1\right)$ 和 $\|\Delta\hat{\boldsymbol{J}}\| \leqslant \|\boldsymbol{J}_0^{-1}\|^2 \|\Delta\boldsymbol{J}\| \|(\boldsymbol{I}_3 + \boldsymbol{J}_0^{-1}\Delta\boldsymbol{J})^{-1}\|$ 有界，总不确定 $\boldsymbol{d}_A(t)$ 满足上述假设。

在滑动超平面的设计中引入非线性项可构成终端滑模面，这种控制策略同样可保证在滑模面上的系统状态在有限时间内收敛到零，而且具有传统滑模控制的鲁棒性。所以该方法在航空航天领域得到广泛应用。

定义非奇异终端滑模变量 $\boldsymbol{S} = [S_1 \quad S_2 \quad S_3]^{\mathrm{T}}$ 为

$$S_i = \sigma_{bi} + \kappa_i \cdot \mathrm{sig}(\dot{\sigma}_{bi})^{\frac{p}{q}} \tag{5-3}$$

式中，$\kappa_i > 0$，$i = 1, 2, 3$；q 与 p 均为奇数且满足 $1 < p/q < 2$。

定理 5.1 考虑姿态稳定系统（2-18）及终端滑模面，控制器（5-4）可保证闭环系统的轨迹可在有限时间内收敛到原点。

$$\begin{aligned}
\boldsymbol{\tau} &= -\frac{p}{q}\mathrm{diag}\,(1/\kappa_i)\,\boldsymbol{J}_0\boldsymbol{M}^{-1}\mathrm{Sig}\,(\dot{\boldsymbol{\sigma}}_b)^{2-\frac{p}{q}} - \boldsymbol{J}_0\boldsymbol{M}^{-1}(\boldsymbol{\tau}_n + \boldsymbol{G} \cdot \mathrm{Sign}(\boldsymbol{S})) \\
\boldsymbol{\tau}_n &= -\frac{1}{2}[-\boldsymbol{\sigma}_b^{\mathrm{T}}\dot{\boldsymbol{\sigma}}_b\boldsymbol{I}_3 + \dot{\boldsymbol{\sigma}}_b^{\times} + \dot{\boldsymbol{\sigma}}_b\boldsymbol{\sigma}_b^{\mathrm{T}} + \boldsymbol{\sigma}_b\dot{\boldsymbol{\sigma}}_b^{\mathrm{T}}]\,\boldsymbol{\omega}_b - \boldsymbol{M}\,(\boldsymbol{\sigma}_b)\,\boldsymbol{J}_0^{-1}\boldsymbol{\omega}_b^{\times}\boldsymbol{J}_0\boldsymbol{\omega}_b
\end{aligned} \tag{5-4}$$

式中，$\boldsymbol{G} = \mathrm{diag}\,(d_A^* + \varpi)$。其中 diag (•) 为对角矩阵。

证明： 选择 Lyapunov 函数

$$V = \frac{1}{2}\boldsymbol{S}^{\mathrm{T}}\boldsymbol{S} \tag{5-5}$$

对其求关于时间 t 的一阶导数

$$
\begin{aligned}
\dot{V} &= \boldsymbol{S}^{\mathrm{T}}\dot{\boldsymbol{S}} \\
&= \boldsymbol{S}^{\mathrm{T}}\left[\dot{\boldsymbol{\sigma}}_b + \frac{p}{q}\mathrm{diag}\left(\kappa_i\left|\dot{\sigma}_{bi}\right|^{\frac{p}{q}-1}\right)\left(\boldsymbol{M}(\boldsymbol{\sigma}_b)\boldsymbol{J}_0^{-1}\boldsymbol{\tau} + \boldsymbol{d}_A(t)\right)\right] \\
&\quad + \boldsymbol{S}^{\mathrm{T}}\frac{p}{q}\mathrm{diag}\left(\kappa_i\left|\dot{\sigma}_{bi}\right|^{\frac{p}{q}-1}\right)\left[\frac{1}{2}(-\boldsymbol{\sigma}_b^{\mathrm{T}}\dot{\boldsymbol{\sigma}}_b\boldsymbol{I}_3 + \dot{\boldsymbol{\sigma}}_b^{\times} + \dot{\boldsymbol{\sigma}}_b\boldsymbol{\sigma}_b^{\mathrm{T}} + \boldsymbol{\sigma}_b\dot{\boldsymbol{\sigma}}_b^{\mathrm{T}})\boldsymbol{\omega}_b + \boldsymbol{M}(\boldsymbol{\sigma}_b)\boldsymbol{J}_0^{-1}\boldsymbol{\omega}_b^{\times}\boldsymbol{J}_0\boldsymbol{\omega}_b\right]
\end{aligned}
\tag{5-6}
$$

将控制律（5-4）代入上式得

$$
\begin{aligned}
\dot{V} &= \boldsymbol{S}^{\mathrm{T}}\left[-\frac{p}{q}\mathrm{diag}\left(\kappa_i\left|\dot{\sigma}_{bi}\right|^{\frac{p}{q}-1}\right)\boldsymbol{G}\bullet\mathrm{Sign}(\boldsymbol{S}) + \frac{p}{q}\mathrm{diag}\left(\kappa_i\left|\dot{\sigma}_{bi}\right|^{\frac{p}{q}-1}\right)\bullet\boldsymbol{d}_A(t)\right] \\
&\leqslant -\sum\nolimits_{i=1}^{3}\frac{p}{q}\varpi\kappa_i\left|\dot{\sigma}_{bi}\right|^{\frac{p}{q}-1}\left|S_i\right| \\
&\leqslant -\frac{1}{\sqrt{2}}\frac{p}{q}\varpi\mathrm{diag}\left(\kappa_i\left|\dot{\sigma}_{bi}\right|^{\frac{p}{q}-1}\right)\bullet V^{1/2}
\end{aligned}
\tag{5-7}
$$

由（5-7）可知当 $\dot{\sigma}_{bi} \neq 0$ 成立时，非奇异终端滑模面可在有限时间内到达。当 $\dot{\sigma}_{bi} = 0$ 成立时，系统（5-2）为

$$
\ddot{\boldsymbol{\sigma}}_b = -\boldsymbol{G}\bullet\mathrm{Sign}(\boldsymbol{S}) + \boldsymbol{d}_A(t) \tag{5-8}
$$

当非奇异终端滑模变量 $\boldsymbol{S} \neq \boldsymbol{0}$ 时，$\ddot{\boldsymbol{\sigma}}_b \neq 0$ 成立。因此，在姿态系统稳定之前，$\dot{\sigma}_{bi} = 0$ 不是吸引子。所以，式（5-7）仍可保证姿态稳定系统在有限时间内收敛到滑模面上。

姿态稳定控制器（5-4）需要事先确定总扰动的边界，这在实际应用中不易得到。下面采用观测器对干扰进行估计，并且在控制器中进行补偿，避免了在控制器中对未知扰动的设定。此外，在滑模控制领域，除终端滑模具备有限时间收敛特性，二阶及高阶滑模也可保证变量在有限时间内稳定到原点。

首先考虑单输入单输出系统的滑模动态

$$
\dot{s} = g(t) + u \tag{5-9}
$$

式中，$s \in \Re$ 指滑模变量，$g(t)$ 表示光滑不确定函数，u 是控制输入。二阶

滑模控制律[115]为

$$\begin{cases} u = -\hat{\alpha}_1 |s|^{(m-1)/m} \operatorname{sign}(s) + w \\ \dot{w} = -\hat{\alpha}_2 |s|^{(m-2)/m} \operatorname{sign}(s) \end{cases} \tag{5-10}$$

式中，$\hat{\alpha}_1, \hat{\alpha}_2 > 0$，$m \geqslant 2$ 且为正整数。用于补偿扰动 $g(t)$ 及估计滑模变量的非线性扰动观测器为

$$\begin{aligned} &\dot{z}_0 = v_0 + u \\ &v_0 = -\lambda_0 L^{1/(m+1)} |z_0 - s|^{m/(m+1)} \operatorname{sign}(z_0 - s) + z_1 \\ &\dot{z}_1 = v_1 \\ &v_1 = -\lambda_1 L^{1/m} |z_1 - v_0|^{(m-1)/m} \operatorname{sign}(z_1 - v_0) + z_2 \\ &\quad \vdots \\ &\dot{z}_{m-1} = v_{m-1} \\ &v_{m-1} = -\lambda_{m-1} L^{1/2} |z_{m-1} - v_{m-2}|^{1/2} \operatorname{sign}(z_{m-1} - v_{m-2}) + z_m \\ &\dot{z}_m = -\lambda_m L \operatorname{sign}(z_m - v_{m-1}) \end{aligned} \tag{5-11}$$

只要合理选择参数 λ_i，可在有限时间内保证估计变量满足以下不等式

$$\begin{cases} |z_0 - s| \leqslant \mu_0 \varepsilon \\ \vdots \\ \left|z_i - g^{(i-1)}(t)\right| \leqslant \mu_i \varepsilon^{(m-i+1)/(m+1)}, \ i = 1, \cdots, m \\ \left|v_j - g^{(j)}(t)\right| \leqslant \eta_j \varepsilon^{(m-j)/(m+1)}, \quad j = 0, \cdots, m-1 \end{cases} \tag{5-12}$$

式中，$\mu_0, \cdots, \mu_i > 0$；$\eta_j > 0$ 和 $\varepsilon > 0$。ε 为非常小常数。针对非奇异终端滑模变量（5-3）得

$$\dot{\boldsymbol{S}} = \frac{p}{q} \operatorname{diag}\left(\kappa_i |\dot{\sigma}_{bi}|^{\frac{p}{q}-1} \right) \cdot \boldsymbol{S}' \tag{5-13}$$

$$\boldsymbol{S}' = \frac{q}{p} \operatorname{diag}(1/\kappa_i) \cdot \operatorname{Sig}(\dot{\boldsymbol{\sigma}}_b)^{2-\frac{p}{q}} + \boldsymbol{\tau}_n + \boldsymbol{M}(\boldsymbol{\sigma}_b) \boldsymbol{J}_0^{-1} \boldsymbol{\tau} + \boldsymbol{d}_A(t) \tag{5-14}$$

由于 $\kappa_i |\sigma_{bi}|^{\frac{p-q}{q}} \geqslant 0$ 成立，则只要保证 $\left\{ \boldsymbol{S}' \in \Re^3 \middle| \boldsymbol{S}' = \boldsymbol{0} \right\}$ 成立，则非奇异终端滑模面 $\left\{ \boldsymbol{S} \in \Re^3 \middle| \boldsymbol{S} = \boldsymbol{0} \right\}$ 同样可到达。直接利用上述观测器估计总不确定扰动无法避免非奇异终端滑模的奇异现象，所以可以转而对 $\dot{\boldsymbol{\sigma}}_b$ 进行估计，根

据式（5-2）的转换形式同样可得 $\boldsymbol{d}_A(t)$。上述非线性观测器为

$$\begin{aligned}
&\dot{\boldsymbol{z}}_0 = \boldsymbol{v}_0 + \boldsymbol{\tau}_n + \boldsymbol{M}(\boldsymbol{\sigma}_b)\boldsymbol{J}_0^{-1}\boldsymbol{\tau},\\
&v_{0i} = -2L^{1/3}\left|z_{0i} - \dot{\sigma}_{bi}\right|^{2/3}\operatorname{sign}(z_{0i} - \dot{\sigma}_{bi}) + z_{1i},\\
&\dot{\boldsymbol{z}}_1 = \boldsymbol{v}_1,\ v_{1i} = -1.5L^{1/2}\left|z_{1i} - v_{0i}\right|^{1/2}\operatorname{sign}(z_{1i} - v_{0i}) + z_{2i},\\
&\dot{z}_{2i} = -1.1L\cdot\operatorname{sign}(z_{2i} - v_{1i}),\ i = 1,\ 2,\ 3,\\
&\boldsymbol{v}_0 = [v_{01}, v_{02}, v_{03}]^{\mathrm{T}}, \boldsymbol{v}_1 = [v_{11}, v_{12}, v_{13}]^{\mathrm{T}}, \boldsymbol{v}_2 = [v_{21}, v_{22}, v_{23}]^{\mathrm{T}}
\end{aligned} \tag{5-15}$$

式中，$\boldsymbol{z}_0, \boldsymbol{z}_1, \boldsymbol{z}_2, \boldsymbol{v}_0, \boldsymbol{v}_1 \in \Re^3$。不考虑输入噪声的情况下，$\boldsymbol{z}_1$ 在有限时间内可收敛到 $\boldsymbol{d}_A(t)$。因此，根据估计得到的总不确定干扰及非奇异终端滑模方法可得下面姿态稳定控制器。

定理 5.2　针对姿态稳定系统（5-2）或（2-18），构造有限时间稳定的光滑二阶滑模姿态控制器为

$$\begin{aligned}
&\boldsymbol{\tau} = -\boldsymbol{J}_0\boldsymbol{M}(\boldsymbol{\sigma}_b)^{-1}\left[\frac{q}{p}\operatorname{diag}(1/\kappa_i)\cdot\operatorname{Sig}(\boldsymbol{\sigma}_b)^{2-\frac{p}{q}} + \boldsymbol{\tau}_n + \boldsymbol{\tau}_{ssm} + \boldsymbol{z}_1\right]\\
&\boldsymbol{\tau}_{ssm} = -\hat{\alpha}_1\cdot\operatorname{Sig}(\boldsymbol{S})^{2/3} - \int_{t_0}^{t}\operatorname{Sig}(\boldsymbol{S})^{1/3}\mathrm{d}t'
\end{aligned} \tag{5-16}$$

式中，$\operatorname{Sig}(\boldsymbol{\sigma}_b)^{\alpha} = \left[\operatorname{sig}(\sigma_{b1})^{\alpha}\quad \operatorname{sig}(\sigma_{b2})^{\alpha}\quad \operatorname{sig}(\sigma_{b1})^{\alpha}\right]^{\mathrm{T}}$；$\alpha > 0$，可保证滑模变量和姿态系统状态分别在有限时间内收敛到滑模面与原点。基于上述分析方法，可知当 $\boldsymbol{S} \neq \boldsymbol{0}$ 时，$\dot{\sigma}_{bi} = 0$ 不是终端吸引子。因此，非奇异终端滑模面 $\left\{\boldsymbol{S} \in \Re^3 \middle| \boldsymbol{S} = \boldsymbol{0}\right\}$ 可在有限内到达。

评注 5.1　根据修正罗德里格参数性质得 $\det(\boldsymbol{M}(\boldsymbol{\sigma}_b)) = \left(1 + \|\boldsymbol{\sigma}_b\|^2\right)^3 / 64 \neq 0$，即矩阵 $\boldsymbol{M}(\boldsymbol{\sigma}_b)$ 可逆，所以可避免姿态描述方法造成的奇异，控制器可实现全局稳定姿态系统。

评注 5.2　在文献［64］中，Lu 等基于四元数与非奇异终端滑模算法提出有限时间姿态稳定控制器，然而并没有考虑 $q_0 = 0$ 的情况，所以控制器是局部稳定的。采用同样方法，在文献［60］中，Li 等设计姿态跟踪算法，存在相似问题。本研究利用修正罗德里格参数描述姿态角，并且对其奇异性进行了分析，因此提出的两种方法均可保证系统全局有限时间稳定。

评注 5.3 姿态稳定控制器（5-16）采用光滑二阶滑模收敛算法，保证变量收敛到滑模面，并且排除非奇异终端滑模造成的抖振现象，同时，选用鲁棒有限时间稳定的观测器估计惯性不确定及外部扰动造成的干扰，不需要事先确定总不确定扰动的先验信息。

5.3 基于齐次性的姿态跟踪机动控制方法

考虑基于修正罗德里格参数的姿态跟踪数学模型（2-27）与（2-28），先将其转化为 Lagrange 形式，分析相应性质。然后，基于滑模边界层与增益自适应律，设计自适应有限时间姿态跟踪算法。该控制器不但排除滑模的抖动，还可保证姿态系统的鲁棒性及跟踪精度。

引理 5.1 姿态跟踪误差的运动学与动力学模型（2-27）与（2-28）可表示为下面 Lagrange 形式

$$\bar{\boldsymbol{J}}_0\ddot{\boldsymbol{\sigma}}_e+\boldsymbol{\Pi}\dot{\boldsymbol{\sigma}}_e+\boldsymbol{M}^{-\mathrm{T}}\boldsymbol{m}=\boldsymbol{M}^{-\mathrm{T}}\boldsymbol{\tau}+\boldsymbol{D} \tag{5-17}$$

式中，

$\boldsymbol{m}=(\boldsymbol{R}\boldsymbol{\omega}_d)^{\times}\boldsymbol{J}_0(\boldsymbol{R}\boldsymbol{\omega}_d)+\boldsymbol{J}_0\boldsymbol{R}\dot{\boldsymbol{\omega}}_d$； $\boldsymbol{d}_2=-\boldsymbol{M}^{-\mathrm{T}}[(\boldsymbol{R}\boldsymbol{\omega}_d)^{\times}\Delta\boldsymbol{J}(\boldsymbol{R}\boldsymbol{\omega}_d)+\Delta\boldsymbol{J}\boldsymbol{R}\dot{\boldsymbol{\omega}}_d]$；

$\boldsymbol{\Pi}=-\boldsymbol{M}^{-\mathrm{T}}[\boldsymbol{J}_0\boldsymbol{M}^{-1}\dot{\boldsymbol{M}}+(\boldsymbol{J}_0\boldsymbol{M}^{-1}\dot{\boldsymbol{e}})^{\times}+(\boldsymbol{J}_0\boldsymbol{R}\boldsymbol{\omega}_d)^{\times}-(\boldsymbol{R}\boldsymbol{\omega}_d)^{\times}\boldsymbol{J}_0-\boldsymbol{J}_0(\boldsymbol{R}\boldsymbol{\omega}_d)^{\times}]\boldsymbol{M}^{-1}$；

$\bar{\boldsymbol{J}}_0=\boldsymbol{M}^{-\mathrm{T}}\boldsymbol{J}_0\boldsymbol{M}^{-1}$； $\boldsymbol{R}=\boldsymbol{R}_{bd}$； $\boldsymbol{D}=\boldsymbol{M}^{-\mathrm{T}}\boldsymbol{d}+\boldsymbol{d}_1+\boldsymbol{d}_2$， $\dot{\boldsymbol{R}}=-(\boldsymbol{M}^{-1}\boldsymbol{\sigma}_e)^{\times}\boldsymbol{R}$；

$\boldsymbol{d}_1=\boldsymbol{M}^{-\mathrm{T}}[\Delta\boldsymbol{J}\boldsymbol{M}^{-1}\dot{\boldsymbol{M}}+(\Delta\boldsymbol{J}\boldsymbol{M}^{-1}\dot{\boldsymbol{\sigma}}_e)^{\times}+(\Delta\boldsymbol{J}\boldsymbol{R}\boldsymbol{\omega}_d)^{\times}-(\boldsymbol{R}\boldsymbol{\omega}_d)^{\times}\Delta\boldsymbol{J}-\Delta\boldsymbol{J}(\boldsymbol{R}\boldsymbol{\omega}_d)^{\times}]\boldsymbol{M}^{-1}\dot{\boldsymbol{\sigma}}_e-\Delta\bar{\boldsymbol{J}}\ddot{\boldsymbol{\sigma}}_e$。

证明：对姿态运动学方程（2-27）求导得

$$\ddot{\boldsymbol{\sigma}}_e=\dot{\boldsymbol{M}}(\boldsymbol{\sigma}_e)\boldsymbol{\omega}_e+\boldsymbol{M}(\boldsymbol{\sigma}_e)(\dot{\boldsymbol{\omega}}_b-\dot{\boldsymbol{R}}_{bd}\boldsymbol{\omega}_d-\boldsymbol{R}_{bd}\dot{\boldsymbol{\omega}}_d) \tag{5-18}$$

将 $\dot{\boldsymbol{\omega}}_b=\boldsymbol{J}^{-1}(-\boldsymbol{\omega}_b^{\times}\boldsymbol{J}\boldsymbol{\omega}_b+\boldsymbol{\tau}+\boldsymbol{d})$ 和 $\dot{\boldsymbol{R}}_{bd}=-\boldsymbol{\omega}_e^{\times}\boldsymbol{R}_{bd}$ 代入上式得：

$$\begin{aligned}\ddot{\boldsymbol{\sigma}}_e=&\boldsymbol{M}(\boldsymbol{\sigma}_e)\boldsymbol{J}^{-1}[-\boldsymbol{\omega}_b^{\times}\boldsymbol{J}\boldsymbol{\omega}_b+\boldsymbol{\tau}+\boldsymbol{d}]-\boldsymbol{M}(\boldsymbol{\sigma}_e)[-\boldsymbol{\omega}_e^{\times}\boldsymbol{R}_{bd}\boldsymbol{\omega}_d+\boldsymbol{R}_{bd}\dot{\boldsymbol{\omega}}_d]\\&+\dot{\boldsymbol{M}}(\boldsymbol{\sigma}_e)\boldsymbol{\omega}_e\end{aligned} \tag{5-19}$$

上式两边同时乘以 $\bar{\boldsymbol{J}}=\boldsymbol{M}^{-\mathrm{T}}\boldsymbol{J}\boldsymbol{M}^{-1}$ 得

$$\begin{aligned}\bar{\boldsymbol{J}}\ddot{\boldsymbol{\sigma}}_e=&\boldsymbol{M}(\boldsymbol{\sigma}_e)^{-\mathrm{T}}(-\boldsymbol{\omega}_b^{\times}\boldsymbol{J}\boldsymbol{\omega}_b+\boldsymbol{\tau}+\boldsymbol{d})-\boldsymbol{M}(\boldsymbol{\sigma}_e)^{-\mathrm{T}}\boldsymbol{J}\,[-\boldsymbol{\omega}_e^{\times}\boldsymbol{R}_{bd}\boldsymbol{\omega}_d+\boldsymbol{R}_{bd}\dot{\boldsymbol{\omega}}_d]\\&+\bar{\boldsymbol{J}}\dot{\boldsymbol{M}}(\boldsymbol{\sigma}_e)\boldsymbol{\omega}_e\end{aligned}\tag{5-20}$$

将 $\boldsymbol{\omega}_b=\boldsymbol{\omega}_e+\boldsymbol{R}\boldsymbol{\omega}_d$ 代入式（5-20）可得

$$\begin{aligned}\bar{\boldsymbol{J}}\ddot{\boldsymbol{\sigma}}_e=&\bar{\boldsymbol{J}}\dot{\boldsymbol{M}}(\boldsymbol{\sigma}_e)\boldsymbol{\omega}_e+\boldsymbol{M}(\boldsymbol{\sigma}_e)^{-\mathrm{T}}[-(\boldsymbol{\omega}_e+\boldsymbol{R}\boldsymbol{\omega}_d)^{\times}\boldsymbol{J}(\boldsymbol{\omega}_e+\boldsymbol{R}\boldsymbol{\omega}_d)+\boldsymbol{\tau}+\boldsymbol{d}]\\&-\boldsymbol{M}(\boldsymbol{\sigma}_e)^{-\mathrm{T}}\boldsymbol{J}\,[-\boldsymbol{\omega}_e^{\times}\boldsymbol{R}\boldsymbol{\omega}_d+\boldsymbol{R}\dot{\boldsymbol{\omega}}_d]\\=&\bar{\boldsymbol{J}}\dot{\boldsymbol{M}}\boldsymbol{\omega}_e+\boldsymbol{M}^{-\mathrm{T}}[-\boldsymbol{\omega}_e^{\times}\boldsymbol{J}\boldsymbol{\omega}_e-\boldsymbol{\omega}_e^{\times}\boldsymbol{J}(\boldsymbol{R}\boldsymbol{\omega}_d)-(\boldsymbol{R}\boldsymbol{\omega}_d)^{\times}\boldsymbol{J}\boldsymbol{\omega}_e-(\boldsymbol{R}\boldsymbol{\omega}_d)^{\times}\boldsymbol{J}(\boldsymbol{R}\boldsymbol{\omega}_d)]\\&-\boldsymbol{M}^{-\mathrm{T}}\boldsymbol{J}\,[(\boldsymbol{R}\boldsymbol{\omega}_d)^{\times}\boldsymbol{\omega}_e+\boldsymbol{R}\dot{\boldsymbol{\omega}}_d]+\boldsymbol{M}^{-\mathrm{T}}(\boldsymbol{\tau}+\boldsymbol{d})\\=&\bar{\boldsymbol{J}}\dot{\boldsymbol{M}}\boldsymbol{\omega}_e+\boldsymbol{M}^{-\mathrm{T}}[(\boldsymbol{J}\boldsymbol{\omega}_e)^{\times}\boldsymbol{\omega}_e+(\boldsymbol{J}\boldsymbol{R}\boldsymbol{\omega}_d)^{\times}\boldsymbol{\omega}_e-(\boldsymbol{R}\boldsymbol{\omega}_d)^{\times}\boldsymbol{J}\boldsymbol{\omega}_e-(\boldsymbol{R}\boldsymbol{\omega}_d)^{\times}\boldsymbol{J}(\boldsymbol{R}\boldsymbol{\omega}_d)]\\&-\boldsymbol{M}^{-\mathrm{T}}\boldsymbol{J}\,[(\boldsymbol{R}\boldsymbol{\omega}_d)^{\times}\boldsymbol{\omega}_e+\boldsymbol{R}\dot{\boldsymbol{\omega}}_d]+\boldsymbol{M}^{-\mathrm{T}}(\boldsymbol{\tau}+\boldsymbol{d})\\=&\boldsymbol{M}^{-\mathrm{T}}[\boldsymbol{J}\boldsymbol{M}^{-1}\dot{\boldsymbol{M}}+(\boldsymbol{J}\boldsymbol{M}^{-1}\dot{\boldsymbol{\sigma}}_e)+(\boldsymbol{J}\boldsymbol{R}\boldsymbol{\omega}_d)^{\times}-(\boldsymbol{R}\boldsymbol{\omega}_d)^{\times}\boldsymbol{J}-\boldsymbol{J}(\boldsymbol{R}\boldsymbol{\omega}_d)^{\times}]\,\boldsymbol{M}^{-1}\dot{\boldsymbol{\sigma}}_e\\&+\boldsymbol{M}^{-\mathrm{T}}[-(\boldsymbol{R}\boldsymbol{\omega}_d)^{\times}\boldsymbol{J}(\boldsymbol{R}\boldsymbol{\omega}_d)-\boldsymbol{J}\boldsymbol{R}\dot{\boldsymbol{\omega}}_d]+\boldsymbol{M}^{-\mathrm{T}}(\boldsymbol{\tau}+\boldsymbol{d})\end{aligned}\tag{5-21}$$

由于惯性矩阵 $\boldsymbol{J}=\boldsymbol{J}_0+\Delta\boldsymbol{J}$，所以基于修正罗德里格参数的姿态跟踪模型可表示为类 Lagange 形式（5-17），证毕。

通过逆矩阵与斜对称矩阵的性质：

$$\dot{\boldsymbol{M}}^{-1}=-\boldsymbol{M}^{-1}\dot{\boldsymbol{M}}\boldsymbol{M}^{-1},\ \left\|\boldsymbol{x}^{\times}\right\|=\left\|\boldsymbol{x}\right\|\quad(\boldsymbol{x}\in\Re^3)$$

$$\boldsymbol{x}^{\mathrm{T}}\boldsymbol{M}^{-\mathrm{T}}[(\boldsymbol{J}_0\boldsymbol{M}^{-1}\dot{\boldsymbol{\sigma}}_e)^{\times}+(\boldsymbol{J}_0\boldsymbol{R}\boldsymbol{\omega}_d)^{\times}-(\boldsymbol{R}\boldsymbol{\omega}_d)^{\times}\boldsymbol{J}_0-\boldsymbol{J}_0(\boldsymbol{R}\boldsymbol{\omega}_d)^{\times}]\boldsymbol{M}^{-1}\boldsymbol{x}=0$$

可以证明类 Lagrange 模型具有下述基本性质。

性质 1　惯性矩阵 $\bar{\boldsymbol{J}}=\bar{\boldsymbol{J}}_0+\Delta\bar{\boldsymbol{J}}$ 是对称正定的，并且满足下面有界性条件

$$J_{\min}\left\|\boldsymbol{x}\right\|^2\leqslant\boldsymbol{x}^{\mathrm{T}}\bar{\boldsymbol{J}}(\boldsymbol{\sigma}_e)\,\boldsymbol{x}\leqslant J_{\max}\left\|\boldsymbol{x}\right\|^2,\quad\boldsymbol{x}\in\Re^3$$

式中 $J_{\min}$ 和 $J_{\max}$ 为正常数。

性质 2　矩阵 $\dot{\bar{\boldsymbol{J}}}_0(\boldsymbol{\sigma}_e)-2\boldsymbol{\Pi}(\boldsymbol{\sigma}_e,\dot{\boldsymbol{\sigma}}_e)$ 满足下面斜对称关系

$$\boldsymbol{x}^{\mathrm{T}}(\dot{\bar{\boldsymbol{J}}}_0(\boldsymbol{\sigma}_e)-2\boldsymbol{\Pi}(\boldsymbol{\sigma}_e,\dot{\boldsymbol{\sigma}}_e))\boldsymbol{x}=0,\quad\boldsymbol{x}\in\Re^3$$

式中，$\dot{\bar{\boldsymbol{J}}}_0(\boldsymbol{\sigma}_e)$ 为关于时间 t 的一阶导数。

性质 3 矩阵 $\boldsymbol{\Pi}(\boldsymbol{\sigma}_e,\dot{\boldsymbol{\sigma}}_e)$ 同样满足有界性条件：

$$\Pi_{\min}\|\dot{\boldsymbol{\sigma}}_e\|^2 \leqslant \|\boldsymbol{\Pi}(\boldsymbol{\sigma}_e,\dot{\boldsymbol{\sigma}}_e)\,\dot{\boldsymbol{\sigma}}_e\| \leqslant \Pi_{\max}\|\dot{\boldsymbol{\sigma}}_e\|^2 \tag{5-22}$$

式中，$\Pi_{\min}$ 和 $\Pi_{\max}$ 为已知正常数。

为便于控制律的构造，将类 Lagrange 模型写成状态空间形式

$$\begin{cases}\dot{\boldsymbol{x}}_1 = \boldsymbol{x}_2 \\ \dot{\boldsymbol{x}}_2 = \boldsymbol{f}(\boldsymbol{x}) + \boldsymbol{b}(\boldsymbol{x})\boldsymbol{u} + \bar{\boldsymbol{d}} \\ \boldsymbol{y} = \boldsymbol{g}(\boldsymbol{x})\end{cases} \tag{5-23}$$

式中 $\boldsymbol{x}_1 := \boldsymbol{\sigma}_e$，$\boldsymbol{x}_2 := \dot{\boldsymbol{\sigma}}_e$，$\boldsymbol{f}(\boldsymbol{x}) := -\bar{\boldsymbol{J}}_0^{-1}(\boldsymbol{\Pi}\dot{\boldsymbol{\sigma}}_e + \boldsymbol{M}^{-\mathrm{T}}\boldsymbol{m})$，$\boldsymbol{b}(\boldsymbol{x}) := \bar{\boldsymbol{J}}_0^{-1}\boldsymbol{M}^{-\mathrm{T}}$，$\bar{\boldsymbol{d}} := \bar{\boldsymbol{J}}_0^{-1}\boldsymbol{D}$，$\boldsymbol{g}(\boldsymbol{x}) := \boldsymbol{x}_1$ 和 $\boldsymbol{u} := \boldsymbol{\tau}$。

假设 5.2 由于外部扰动 $\boldsymbol{d}(t)$ 与惯性不确定 $\Delta\boldsymbol{J}$ 均有界，则存在非负常数使得总不确定扰动 $\bar{\boldsymbol{d}}(t) = [\bar{d}_1(t), \bar{d}_2(t), \bar{d}_3(t)]^{\mathrm{T}}$ 满足下面条件

$$|\bar{d}_i| \leqslant c_{1i} + c_{2i}\|\dot{\boldsymbol{\sigma}}_e\| + c_{3i}\|\dot{\boldsymbol{\sigma}}_e\|^2,\quad i = 1, 2, 3 \tag{5-24}$$

针对实际卫星等航天器的姿态运动，姿态角 $\boldsymbol{\sigma}_b$，角速度 $\boldsymbol{\omega}_b$ 与转矩输入 $\boldsymbol{\tau}$ 均在合理的范围内变化。期望的姿态角速度 $\boldsymbol{\omega}_d$ 及其导数 $\dot{\boldsymbol{\omega}}_d$ 是已知确定项。此外，总不确定 $\bar{\boldsymbol{d}}(t)$ 包含 $\ddot{\boldsymbol{\sigma}}_e$，而 $\ddot{\boldsymbol{\sigma}}_e$ 可采用 $\boldsymbol{\sigma}_e$、$\dot{\boldsymbol{\sigma}}_e$ 及其他有界项表示如下：$\|\ddot{\boldsymbol{\sigma}}_e\| \leqslant \|\dot{\boldsymbol{M}}(\boldsymbol{\sigma}_e)\|\|\boldsymbol{\omega}_e\| + \|\boldsymbol{M}(\boldsymbol{\sigma}_e)\|(\|\dot{\boldsymbol{\omega}}_b\| + \|\boldsymbol{R}\|\|\boldsymbol{\omega}_e\|\|\boldsymbol{\omega}_d\| + \|\boldsymbol{R}\|\|\dot{\boldsymbol{\omega}}_d\|)$，$\|\boldsymbol{\omega}_e\| \leqslant \|\boldsymbol{M}^{-1}(\boldsymbol{\sigma}_e)\|\|\dot{\boldsymbol{\sigma}}_e\|$，$\|\dot{\boldsymbol{M}}(\boldsymbol{\sigma}_e)\| \leqslant \frac{1}{2}(3\|\boldsymbol{\sigma}_e\|\|\dot{\boldsymbol{\sigma}}_e\| + \|\dot{\boldsymbol{\sigma}}_e\|)$ 和 $\|\dot{\boldsymbol{\omega}}_b\| \leqslant \|\boldsymbol{\omega}_b\|^2 + \|\boldsymbol{J}^{-1}\|(\|\boldsymbol{\tau}\| + \|\boldsymbol{d}\|)$。

对系统（5-23）采用基本反馈控制律

$$\boldsymbol{u} = \boldsymbol{b}(\boldsymbol{x})^{-1}(\boldsymbol{f}(\boldsymbol{x}) + \boldsymbol{w}) \tag{5-25}$$

式中，$\boldsymbol{w} = [w_1, w_2, w_3]^{\mathrm{T}} \in \Re^3$ 是实际控制输入。该方法分两步设计 $\boldsymbol{w} = \boldsymbol{w}_{\mathrm{nom}} + \boldsymbol{w}_{\mathrm{dis}}$，其中 $\boldsymbol{w}_{\mathrm{nom}}$ 保证标称系统在有限时间内稳定到原点，$\boldsymbol{w}_{\mathrm{dis}}$ 则用于抑制扰动。因此，系统（5-23）可表示如下

$$\dot{\boldsymbol{x}}_1 = \boldsymbol{x}_2,\ \dot{\boldsymbol{x}}_2 = \boldsymbol{w} + \bar{\boldsymbol{d}},\ \boldsymbol{y} = \boldsymbol{g}(\boldsymbol{x}) \tag{5-26}$$

在不考虑总不确定扰动 $\bar{\boldsymbol{d}}(t)$ 的情况下，上式为三维积分链

$$\dot{\boldsymbol{x}}_1=\boldsymbol{x}_2,\ \dot{\boldsymbol{x}}_2=\boldsymbol{w}_{\text{nom}} \tag{5-27}$$

由定理3.1可知，假定存在正常数k_1, k_2保证多项式$s^2+k_2s+k_1$是Hurwitz稳定的，则存在$\alpha_2'\in(0,1)$使得控制律（5-28）迫使系统（5-27）状态有限时间内收敛到原点

$$\boldsymbol{w}_{\text{nom}}=-k_1(\text{Sig}(\boldsymbol{x}_1)^{\alpha_2'}+\boldsymbol{x}_1)-k_2(\text{Sig}(\boldsymbol{x}_2)^{\alpha_2'/\alpha_1'}+\boldsymbol{x}_2) \tag{5-28}$$

式中$2\alpha_1'-\alpha_2'=1$。

为抑制模型不确定及外部扰动，设计如下滑模面

$$\boldsymbol{S}(\boldsymbol{x})=\boldsymbol{x}_2+\boldsymbol{x}_{\text{aux}} \tag{5-29}$$

式中$\boldsymbol{x}_{\text{aux}}\in\Re^3$为积分项。该项可表示为

$$\dot{\boldsymbol{x}}_{\text{aux}}=-\boldsymbol{w}_{\text{nom}} \tag{5-30}$$

则相应的滑模切换控制器为

$$\boldsymbol{w}_{\text{dis}}=-\boldsymbol{G}\bullet\text{Sign}\,(\boldsymbol{S}) \tag{5-31}$$

式中增益$\boldsymbol{G}=\text{diag}\,(G_i)$满足$G_i>\left|\bar{d}_i\right|+\bar{\mu}_i$；$\bar{\mu}_i>0$（$i=1,2,3$）。

定理 5.3　考虑姿态系统（5-17）或（2-27）、（2-28），控制器（5-25）、（5-28）和（5-31）可保证闭环系统在有限时间内收敛到零点。

证明：考虑 Lyapunov 函数$V=\dfrac{1}{2}\boldsymbol{S}^{\text{T}}\boldsymbol{S}$，求导得$\dot{V}\leqslant-\sqrt{2}\min\,(\mu_i)V_2^{1/2}$。由引理 2.1 可知系统状态可以收敛到滑模面上。此外，由$\boldsymbol{S}=\boldsymbol{0}$及$\dot{\boldsymbol{S}}=\dot{\boldsymbol{x}}_2-\boldsymbol{w}_{\text{nom}}=0$可得系统状态可在有限时间内到达原点。

定理 5.3 提供了简洁实用的姿态控制方法，该算法的证明过程在前面章节已有类似分析，这里不再赘述。但上述控制器采用传统滑模算法，有抖动问题，并且需要确定总不确定的边界。针对这些问题，下面利用自适应增益律与滑模边界层方法设计连续自适应有限时间姿态跟踪机动算法。

定理 5.4　考虑姿态系统(5-17)或(2-27)、(2-28)及积分滑模面(5-29)，

自适应连续姿态跟踪控制律（5-25）、（5-28）、（5-34）至（5-37）可保证滑模变量与系统姿态轨迹在有限时间内分别收敛到邻域（5-32）和（5-33）

$$\|\boldsymbol{S}\| \leqslant \min\left(\left(\frac{\vartheta_1}{\rho_m}\right)^{\frac{1}{1+\gamma}},\ \left(\frac{\vartheta_2}{\rho_m}\right)^{\frac{1}{1+\gamma}}\right) \tag{5-32}$$

$$\left|x_{1j}\right| \leqslant \left(\frac{\Delta}{4k_1}\right)^{\frac{1}{\alpha_2}},\ \left|x_{2j}\right| \leqslant \left(\frac{\Delta}{4k_2}\right)^{\frac{\alpha_1}{\alpha_2}} \tag{5-33}$$

$$\boldsymbol{w}_{\text{dis}} = -\boldsymbol{\rho} \bullet \operatorname{Sig}(\boldsymbol{S})^{\gamma} - \boldsymbol{w}_{\text{ads}} \tag{5-34}$$

$$w_{\text{ads},\,i} = \begin{cases} \hat{G}_i \dfrac{S_i}{|S_i|} + \dfrac{S_i}{8|S_i|^2} \displaystyle\sum_{j=1}^{3} \dfrac{\psi_{ji}}{\varphi_{ji}} \left|\hat{c}_{ji}\right|^{2\gamma} & if\ \ \hat{G}_i |S_i| > \varpi_i \\ \hat{G}_i^2 \dfrac{S_i}{\varpi_i} & if\ \ \hat{G}_i |S_i| \leqslant \varpi_i \end{cases} \tag{5-35}$$

式中

$$\vartheta_1 = \sum_{i=1}^{3}\sum_{j=1}^{3} \frac{\psi_{ji}}{8\varphi_{ji}} \left|c_{ji}\right|^{2\gamma} + \sum_{i=1}^{3}\sum_{j=1}^{3} \frac{\psi_{ji}}{2\varphi_{ji}} c_{ji}^2 ,\quad \vartheta_2 = \sum_{i=1}^{3}\sum_{j=1}^{3} \frac{\psi_{ji}}{\varphi_{ji}} c_{ji}^2 ,$$

$$\boldsymbol{\rho} = \operatorname{diag}([\rho_1, \rho_2, \rho_3]),\quad \rho_m = \min(\rho_i \bullet 2^{(1+\gamma)/2}, \psi_{ji} \bullet (2\varphi_{ji})^{(\gamma-1)/2}),$$

$$\rho_i > 0,\ \ \varpi_i > 0\ \ (i = 1, 2, 3),\ \ \gamma \in (0,\ 0.5]。$$

其中 ψ_{ji} 和 φ_{ji}（$i, j = 1, 2, 3$）为设计参数，Δ_i（$i = 1, 2, 3$，$\Delta = \max(\Delta_i)$）是很小正标量。此外，c_{ji} 的估计值为 $\hat{c}_{ji}$。总不确定扰动的自适应上界 $\hat{G}_i$ 及其参数的更新律分别为

$$\hat{G}_i(t) \coloneqq \hat{c}_{1i}(t) + \hat{c}_{2i}(t)\|\dot{\boldsymbol{\sigma}}_e\| + \hat{c}_{3i}(t)\|\dot{\boldsymbol{\sigma}}_e\|^2 \tag{5-36}$$

$$\dot{\hat{c}}_{1i} \coloneqq -\psi_{1i}\hat{c}_{1i} + \varphi_{1i}|S_i|,\ \ \dot{\hat{c}}_{2i} \coloneqq -\psi_{2i}\hat{c}_{2i} + \varphi_{2i}|S_i|\|\dot{\boldsymbol{\sigma}}_e\|,\ \ \dot{\hat{c}}_{3i} \coloneqq -\psi_{3i}\hat{c}_{3i} + \varphi_{3i}|S_i|\|\dot{\boldsymbol{\sigma}}_e\|^2 \tag{5-37}$$

证明：推理过程分两步，首先考虑以下 Lyapunov 候选函数

$$V_5 = \frac{1}{2}\boldsymbol{S}^{\mathrm{T}}\boldsymbol{S} + \frac{1}{2}\sum_{i=1}^{3}\left(\frac{\tilde{c}_{1i}^2}{\varphi_{1i}} + \frac{\tilde{c}_{2i}^2}{\varphi_{2i}} + \frac{\tilde{c}_{3i}^2}{\varphi_{3i}}\right) \tag{5-38}$$

式中，$\tilde{c}_{ji} := c_{ji} - \hat{c}_{ji}$ 为参数自适应误差。对 V_5 求一阶导数得

$$V_5 = \boldsymbol{S}^{\mathrm{T}}\dot{\boldsymbol{S}} + \sum_{i=1}^{3}\sum_{j=1}^{3}\frac{\tilde{c}_{ji}\dot{\hat{c}}_{ji}}{\varphi_{ji}} \tag{5-39}$$

将（5-24）代入上式得

$$\begin{aligned}\dot{V}_5 &= \boldsymbol{S}^{\mathrm{T}}\left(\boldsymbol{f}(\boldsymbol{x}) + \mathbf{b}(\boldsymbol{x})\boldsymbol{u} + \bar{\boldsymbol{d}} + \dot{\boldsymbol{x}}_{\mathrm{aux}}\right) - \sum_{i=1}^{3}\sum_{j=1}^{3}\frac{\tilde{c}_{ji}\dot{\hat{c}}_{ji}}{\varphi_{ji}} \\ &= \boldsymbol{S}^{\mathrm{T}}\left(-\boldsymbol{\rho}\bullet\mathrm{Sig}(\boldsymbol{S})^{\gamma} - \boldsymbol{w}_{\mathrm{ads}} + \bar{\boldsymbol{d}}\right) - \sum_{i=1}^{3}\sum_{j=1}^{3}\frac{\tilde{c}_{ji}\dot{\hat{c}}_{ji}}{\varphi_{ji}} \\ &\leqslant \boldsymbol{S}^{\mathrm{T}}\left(-\boldsymbol{\rho}\bullet\mathrm{Sig}(\boldsymbol{S})^{\gamma} - \boldsymbol{w}_{\mathrm{ads}}\right) - \sum_{i=1}^{3}\sum_{j=1}^{3}\frac{\tilde{c}_{ji}\dot{\hat{c}}_{ji}}{\varphi_{ji}} + \sum_{i=1}^{3}\left|S_i\right|\left(c_{1i} + c_{2i}\left\|\dot{\boldsymbol{\sigma}}_e\right\| + c_{3i}\left\|\dot{\boldsymbol{\sigma}}_e\right\|^2\right)\end{aligned} \tag{5-40}$$

当 $\hat{G}_i\left|S_i\right| > \varpi_i$ 时，将控制律（5-35）至（5-37）代入上式得

$$\begin{aligned}\dot{V}_5 \leqslant& -\sum_{i=1}^{3}\left|S_i\right|\left(\hat{c}_{1i} + \hat{c}_{2i}\left\|\dot{\boldsymbol{\sigma}}_e\right\| + \hat{c}_{3i}\left\|\dot{\boldsymbol{\sigma}}_e\right\|^2\right) + \sum_{i=1}^{3}\left|S_i\right|\left(c_{1i} + c_{2i}\left\|\dot{\boldsymbol{\sigma}}_e\right\| + c_{3i}\left\|\dot{\boldsymbol{\sigma}}_e\right\|^2\right) \\ & -\sum_{i=1}^{3}\sum_{j=1}^{3}\frac{\tilde{c}_{ji}\dot{\hat{c}}_{ji}}{\varphi_{ji}} - \sum_{i=1}^{3}\sum_{j=1}^{3}\frac{\psi_{ji}\left|\hat{c}_{ji}\right|^{2\gamma}}{8\varphi_{ji}} - \boldsymbol{S}^{\mathrm{T}}\boldsymbol{\rho}\bullet\mathrm{Sig}(\boldsymbol{S})^{\gamma} \\ =& -\boldsymbol{S}^{\mathrm{T}}\boldsymbol{\rho}\bullet\mathrm{Sig}(\boldsymbol{S})^{\gamma} + \sum_{i=1}^{3}\left|S_i\right|\left(\tilde{c}_{1i} + \tilde{c}_{2i}\left\|\dot{\boldsymbol{\sigma}}_e\right\| + \tilde{c}_{3i}\left\|\dot{\boldsymbol{\sigma}}_e\right\|^2\right) - \sum_{i=1}^{3}\frac{\tilde{c}_{1i}}{\varphi_{1i}}\left(-\psi_{1i}\hat{c}_{1i} + \varphi_{1i}\left|S_i\right|\right) \\ & -\sum_{i=1}^{3}\frac{\tilde{c}_{2i}}{\varphi_{2i}}\left(-\psi_{2i}\hat{c}_{2i} + \varphi_{2i}\left|S_i\right|\left\|\dot{\boldsymbol{\sigma}}_e\right\|\right) - \sum_{i=1}^{3}\frac{\tilde{c}_{3i}}{\varphi_{3i}}\left(-\psi_{3i}\hat{c}_{3i} + \varphi_{3i}\left|S_i\right|\left\|\dot{\boldsymbol{\sigma}}_e\right\|\right) \\ & -\sum_{i=1}^{3}\sum_{j=1}^{3}\frac{\psi_{ji}\left|\hat{c}_{ji}\right|^{2\gamma}}{8\varphi_{ji}} \\ =& -\sum_{i=1}^{3}\rho_i\left|S_i\right|^{1+\gamma} - \sum_{i=1}^{3}\sum_{j=1}^{3}\frac{\psi_{ji}\left|\hat{c}_{ji}\right|^{2\gamma}}{8\varphi_{ji}} + \sum_{i=1}^{3}\sum_{j=1}^{3}\frac{\psi_{ji}}{\varphi_{ji}}\tilde{c}_{ji}\hat{c}_{ji}\end{aligned} \tag{5-41}$$

考虑不等式 $\left|xy\right| \leqslant (\varepsilon_0^2 x^2 + \varepsilon_0^{-2} y^2)/2$ 和 $\left|x+y\right|^{2\gamma} \leqslant \left\|x\right| + \left|y\right\|^{2\gamma}$，其中 x、y 和 ε_0 为三个任意标量。另外，根据引理 2.5，可得下面结果

$$
\begin{aligned}
\dot{V}_5 &\leqslant -\sum_{i=1}^{3}\rho_i\left|S_i\right|^{1+\gamma}-\sum_{i=1}^{3}\sum_{j=1}^{3}\frac{\psi_{ji}}{8\varphi_{ji}}\left|\hat{c}_{ji}\right|^{2\gamma}+\sum_{i=1}^{3}\sum_{j=1}^{3}\frac{\psi_{ji}}{\varphi_{ji}}(\tilde{c}_{ji}c_{ji}-\tilde{c}_{ji}^2) \\
&\leqslant -\sum_{i=1}^{3}\rho_i\left|S_i\right|^{1+\gamma}-\sum_{i=1}^{3}\sum_{j=1}^{3}\frac{\psi_{ji}}{8\varphi_{ji}}\left|\hat{c}_{ji}\right|^{2\gamma}+\sum_{i=1}^{3}\sum_{j=1}^{3}\frac{\psi_{ji}}{2\varphi_{ji}}(c_{ji}^2-\tilde{c}_{ji}^2) \\
&= -\sum_{i=1}^{3}\rho_i\left|S_i\right|^{1+\gamma}-\sum_{i=1}^{3}\sum_{j=1}^{3}\frac{\psi_{ji}}{2\varphi_{ji}}\left(\left|\tilde{c}_{ji}\right|-\frac{1}{2}\left|\tilde{c}_{ji}\right|^{\gamma}\right)^2-\sum_{i=1}^{3}\sum_{j=1}^{3}\frac{\psi_{ji}}{2\varphi_{ji}}\left|\tilde{c}_{ji}\right|^{1+\gamma} \\
&\quad +\sum_{i=1}^{3}\sum_{j=1}^{3}\frac{\psi_{ji}}{8\varphi_{ji}}\left|\tilde{c}_{ji}\right|^{2\gamma}-\sum_{i=1}^{3}\sum_{j=1}^{3}\frac{\psi_{ji}}{8\varphi_{ji}}\left|\hat{c}_{ji}\right|^{2\gamma}+\sum_{i=1}^{3}\sum_{j=1}^{3}\frac{\psi_{ji}}{2\varphi_{ji}}c_{ji}^2 \\
&\leqslant -\sum_{i=1}^{3}\rho_i\left|S_i\right|^{1+\gamma}-\sum_{i=1}^{3}\sum_{j=1}^{3}\frac{\psi_{ji}}{2\varphi_{ji}}\left(\left|\tilde{c}_{ji}\right|-\frac{1}{2}\left|\tilde{c}_{ji}\right|^{\gamma}\right)^2-\sum_{i=1}^{3}\sum_{j=1}^{3}\frac{\psi_{ji}}{2\varphi_{ji}}\left|\tilde{c}_{ji}\right|^{1+\gamma} \\
&\quad +\sum_{i=1}^{3}\sum_{j=1}^{3}\frac{\psi_{ji}}{8\varphi_{ji}}\left|c_{ji}\right|^{2\gamma}+\sum_{i=1}^{3}\sum_{j=1}^{3}\frac{\psi_{ji}}{8\varphi_{ji}}\left|\hat{c}_{ji}\right|^{2\gamma}-\sum_{i=1}^{3}\sum_{j=1}^{3}\frac{\psi_{ji}}{8\varphi_{ji}}\left|\hat{c}_{ji}\right|^{2\gamma} \\
&\quad +\sum_{i=1}^{3}\sum_{j=1}^{3}\frac{\psi_{ji}}{2\varphi_{ji}}c_{ji}^2 \\
&\leqslant -\rho_m V_5^{(1+\gamma)/2}+\vartheta_1
\end{aligned}
\tag{5-42}
$$

当 $\hat{G}_i\left|S_i\right|\leqslant\varpi_i$ 成立时，将自适应连续控制律（5-35）至（5-37）代入式（5-40）得

$$
\begin{aligned}
\dot{V}_5 &\leqslant -\sum_{i=1}^{3}\frac{S_i^2}{\varpi_i}\hat{G}_i^2-\sum_{i=1}^{3}\sum_{j=1}^{3}\frac{\tilde{c}_{ji}\dot{\hat{c}}_{ji}}{\varphi_{ji}}+\sum_{i=1}^{3}\left|S_i\right|\left(c_{1i}+c_{2i}\left\|\dot{\boldsymbol{\sigma}}_e\right\|+c_{3i}\left\|\dot{\boldsymbol{\sigma}}_e\right\|^2\right) \\
&\quad -\boldsymbol{S}^{\mathrm{T}}\boldsymbol{\rho}\bullet\operatorname{Sig}(\boldsymbol{S})^{\gamma} \\
&= -\boldsymbol{S}^{\mathrm{T}}\boldsymbol{\rho}\bullet\operatorname{Sig}(\boldsymbol{S})^{\gamma}-\sum_{i=1}^{3}\frac{S_i^2}{\varpi_i}\hat{G}_i^2+\sum_{i=1}^{3}S_i\hat{G}_i+\sum_{i=1}^{3}\sum_{j=1}^{3}\frac{\psi_{ji}}{\varphi_{ji}}\tilde{c}_{ji}(c_{ji}-\tilde{c}_{ji}) \\
&\leqslant -\boldsymbol{S}^{\mathrm{T}}\boldsymbol{\rho}\bullet\operatorname{Sig}(\boldsymbol{S})^{\gamma}-\sum_{i=1}^{3}\left[\left(\frac{S_i}{\sqrt{\varpi_i}}\hat{G}_i-\frac{\sqrt{\varpi_i}}{2}\right)^2-\frac{\varpi_i}{4}\right]+\sum_{i=1}^{3}\sum_{j=1}^{3}\frac{\psi_{ji}}{\varphi_{ji}}c_{ji}^2 \\
&= -\sum_{i=1}^{3}\rho_i\left|S_i\right|^{1+\gamma}-\sum_{i=1}^{3}\left(\frac{S_i}{\sqrt{\varpi_i}}\hat{G}_i-\frac{\sqrt{\varpi_i}}{2}\right)^2+\vartheta_2
\end{aligned}
\tag{5-43}
$$

基于引理 2.5 可知，滑模变量最终可收敛到包含原点的邻域（5-32），此外，根据假设 5.1 中总扰动 $\bar{\boldsymbol{d}}(t)$ 是有界的，所以 $\boldsymbol{w}_{\mathrm{dis}}$ 也是有界的。因此，基于（5-28）可得结果（5-44），式中 $\left|w_{\mathrm{dis},i}+\bar{d}_i\right|\leqslant\Delta_i$（$i=1,2,3$）。基于定理 5.3 可

知，只要条件 $k_1 - \Delta_i / (2 \bullet \mathrm{sig}(x_{1i})^{\alpha_2} + x_{1i}) > 0$ 和成立，姿态跟踪误差将会收敛到含零点的领域（5-33）。

$$\begin{aligned}&\dot{x}_{2i} + \left(k_1 - \frac{\Delta_i}{2 \bullet (\mathrm{sig}(x_{1i})^{\alpha_2} + x_{1i})}\right)(\mathrm{sig}(x_{1i})^{\alpha_2} + x_{1i}) \\ &\quad + \left(k_2 - \frac{\Delta_i}{2 \bullet (\mathrm{sig}(x_{2i})^{\alpha_2/\alpha_1} + x_{2i})}\right)(\mathrm{sig}(x_{2i})^{\alpha_2/\alpha_1} + x_{2i}) = 0\end{aligned} \tag{5-44}$$

评注 5.4 从 $|S_i| > \varpi_i / \hat{G}_i$（$|S_i| \leqslant \varpi_i / \hat{G}_i$）可看出，$\varpi_i$ 间接决定边界层的厚度，而且该边界层是根据 $\hat{G}_i$ 变化的。以便取得较高的控制精度，ϖ_i 应设定为较小的正常数。有经验的学者会基于切换项的增益 $\hat{G}_i$ 的数量级来选择 ϖ_i。此外，滑模精确性与开关时滞或采样时间成正比，所以开关时滞越短，ϖ_i 应取得越小。

评注 5.5 由于 $\det(\boldsymbol{M}(\boldsymbol{\sigma}_e)) = \left(1 + \|\boldsymbol{\sigma}_e\|^2\right)^3 / 64 \neq 0$，在矩阵 $\boldsymbol{M}(\boldsymbol{\sigma}_e)$ 可逆，在姿态跟踪控制算法的设计中避免了采用四元数描述带来的奇异讨论。假如采用鲁棒固定时间控制算法，则姿态误差收敛时间是与实际设定的时间是一致的。

5.4 仿真算例与分析

针对提出的有限时间姿态控制算法，利用 MATLAB/SIMULINK 进行数值仿真，并进行相关分析。

5.4.1 有限时间姿态稳定控制仿真

考虑在高空圆轨道运行刚体卫星：轨道半径 672 km，倾斜度 97.4°，采用三轴反应轮控制，标称惯性矩阵 $\boldsymbol{J}_0 = \mathrm{diag}(20, 20, 30)\ \mathrm{kg} \bullet \mathrm{m}^2$，惯性不确定部分满足 $\|\Delta\boldsymbol{J}\| \leqslant 0.1\|\boldsymbol{J}_0\|$。

另外，外部扰动及系统状态初值分两种情况，便于进行测试所设计姿态算法的性能。第一种情形：外部扰动为 $\boldsymbol{d} = 0.01[0.4\sin(0.3t), -\cos(0.1t),$

$0.7\sin(\pi t/20)]^{\mathrm{T}}\ \mathrm{N\cdot m}$，MRP 参数与角速度初值分别为 $\boldsymbol{\sigma}_b=[0.3202,-0.4850,0.3899]^{\mathrm{T}}$ 与 $\boldsymbol{\omega}_b=[0,0,0]^{\mathrm{T}}\ \mathrm{rad}/s$。第二种情形：外部扰动为 $\boldsymbol{d}=[0.04\sin(0.3t),0.1\cos(0.1t),0.07\sin(\pi t/20)]^{\mathrm{T}}\ \mathrm{N\cdot m}$，MRP 参数与角速度初值分别为 $\boldsymbol{\sigma}_b=[0.2,-0.3,0.1]^{\mathrm{T}}$ 与 $\boldsymbol{\omega}_b=[0,0,0]^{\mathrm{T}}\ \mathrm{deg}/s$。基于非奇异终端滑模的光滑二阶滑模控制器参数分别为 $p=5$、$q=3$、$\kappa_i=2.5$、$m=2$、$\hat{\alpha}_1=2$、$\hat{\alpha}_2=1$。另外，针对上述两种情况下惯性及外部扰动，观测器参数满足 $\|\ddot{\boldsymbol{d}}_A\|\leqslant L$。

针对第一种扰动情况，图 5-1 至图 5-4 描述在文中提出的控制算法作用下姿态稳定系统的响应。MRP 参数及角速度可以分别在时间 2.81 s 和 3.27 s 内收敛到原点或原点附近。同样，滑模变量可在 1.67 s 左右稳定到滑模面上。从图 5-4 中可看出输入转矩变化趋势，曲线连续光滑，避免了传统滑模开关的高频切换，减小了对执行机构的磨损。另外，通过对总不确定项的观测估计，排除了对这些不确定干扰上界的需要，利于工程实际应用。

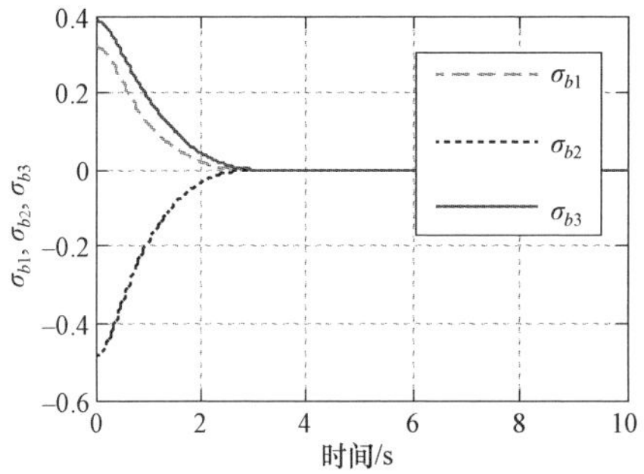

图 5-1　MRP 参数随时间变化曲线

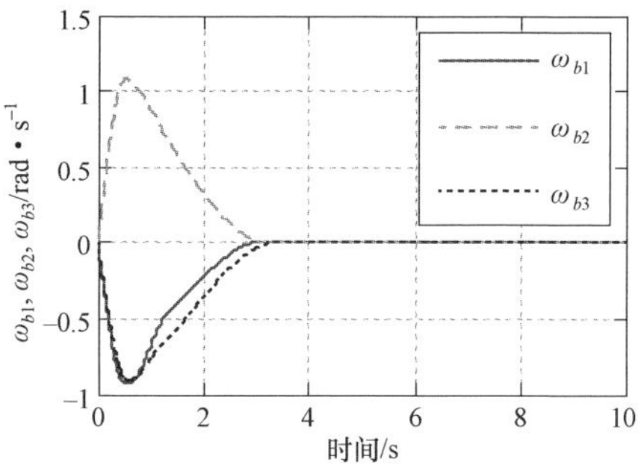

图 5-2　角速度随时间变化趋势

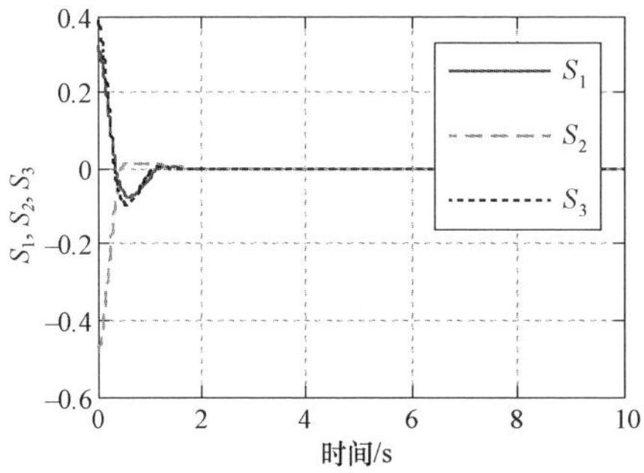

图 5-3　滑模变化曲线

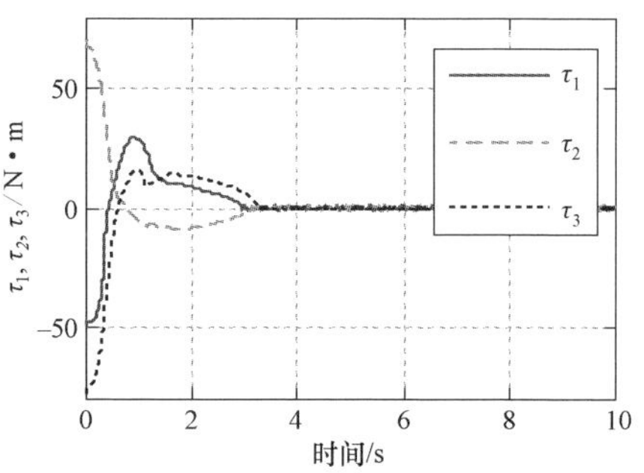

图 5-4　输入转矩变化趋势

图 5-5 至图 5-8 分别描述了第二种情形下系统响应曲线。对于增加扰动的第二种情况，只需要保证观测器在有限时间内收敛，仍可确定姿态系统收敛到原点或原点附近。因此，在观测器运用中系数 L 相应增大，只要系统不确定扰动可准确补偿，光滑二阶滑模算法可迫使非奇异终端滑模变量在大约 1.68 s 时刻收敛到超曲面，该结果可在图 5-7 可得出。另外，根据终端滑模的结构可知系统状态可在有限时间内稳定到原点，从图 5-5 和图 5-6 可看出 MRP 及角速度的稳定时间分别为 2.27 s 与 2.41 s。在数值仿真中，并未对控制精度进行分析，主要原因是观测器对不同类型的扰动的估计能力不同，若可在控制器中完全对总确定扰动进行补偿，则控制精度由光滑二阶滑模算法及滑模面的参数决定。因此，在运用本研究提出的姿态稳定算法时，对不同类型的扰动可通过试错的方法设定观测器参数及控制器参数，尽可能提高控制器的性能。

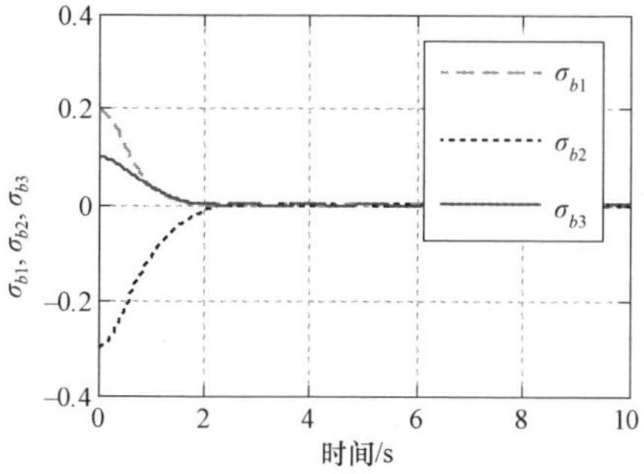

图 5-5　MRP 参数变化曲线

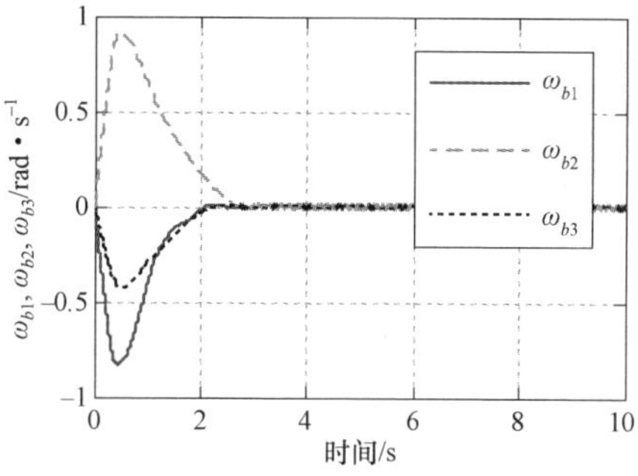

图 5-6　角速度变化趋势

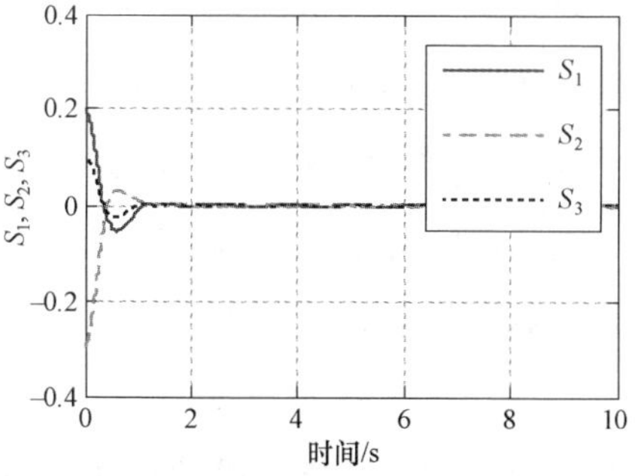

图 5-7　滑模变化曲线

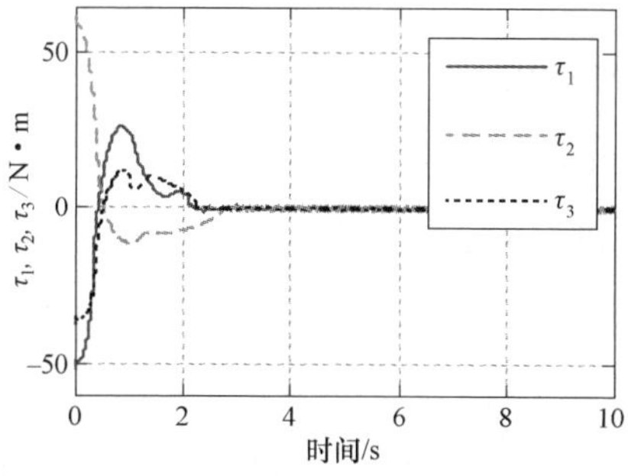

图 5-8　输入转矩变化趋势

5.4.2 自适应姿态跟踪控制仿真

为验证所提出的自适应姿态跟踪机动算法的有效性，将其应用于卫星姿态数学模型中进行仿真分析。同时，针对卫星姿态调节及跟踪，采用反应飞轮进行三轴姿态控制，因此需要对控制转矩进行饱和限制。当提出的算法运用于姿态系统时，可利用下式对原控制输入进行约束：$\boldsymbol{\tau}^{\mathrm{s}}:=[\tau_1^{\mathrm{s}},\tau_2^{\mathrm{s}},\tau_3^{\mathrm{s}}]^{\mathrm{T}}$，$\tau_i^{\mathrm{s}}=\operatorname{sign}(\tau_i)\bullet\min\left\{|\tau_i|,\tau_i^{\mathrm{M}}\right\},i=1,2,3$。其中，$\tau_i^{\mathrm{M}}$ 表示飞轮最大的输出转矩。为便于算法控制性能对比，分两种情况讨论，假定在两种情形下飞轮最大输出力矩分别为 3.5 N • m 和 90 N • m。控制器参数为 $k_1=1.2$、$k_2=1.4$、$\alpha_2=1/3$、$\gamma=0.4$、$\psi_{ji}=\varpi_i=0.02$、$\varphi_{ji}=5$、$\rho_i=2.4$、$\lambda_i=1.67$（$i,j=1,2,3$）。

将该方法与文献［77］中设计的鲁棒有限时间姿态跟踪控制器进行对比，因此采用文献［11，77］中选用的标称惯性矩阵 $\boldsymbol{J}_0=[1\ 0\ 0;\ 0\ 0.63\ 0;\ 0\ 0\ 0.85]\ \mathrm{kg}\bullet\mathrm{m}^2$，外部干扰 $\boldsymbol{d}=[0.3\sin(t),0.4\cos(1.5t),0.5\sin(2t+1)]^{\mathrm{T}}\ \mathrm{N}\bullet\mathrm{m}$，惯性不确定部分满足 $|\Delta J_{ij}|\leqslant 20\%J_{0ii}$（$i,j=1,2,3$）。仿真初始姿态系统状态为 $\boldsymbol{\sigma}_b=[0.5,0,0.2]^{\mathrm{T}}$ 与 $\boldsymbol{\omega}_b=[0,0.4,0]^{\mathrm{T}}\ \mathrm{rad/s}$，期望的姿态及相应角速度分别为 $\boldsymbol{\sigma}_d=[-0.3,0.1,0.2]^{\mathrm{T}}$ 和 $\boldsymbol{\omega}_d=[0.3\sin(0.1t),-0.4\sin(0.3t),-0.6\sin(0.2t)]^{\mathrm{T}}\ \mathrm{rad/s}$。

将此方法与经典且常用的 PID 控制器 $\boldsymbol{\tau}_{PID}=\boldsymbol{\omega}_b^{\times}\boldsymbol{J}_0\boldsymbol{\omega}_b+\boldsymbol{J}_0\boldsymbol{R}(\boldsymbol{\sigma}_e)\boldsymbol{\omega}_d-\boldsymbol{J}_0\boldsymbol{\omega}_e^{\times}\boldsymbol{R}(\boldsymbol{\sigma}_e)\boldsymbol{\omega}_d-k_D\boldsymbol{\omega}_e-k_P\boldsymbol{\sigma}_e-k_I\int_0^t\boldsymbol{\sigma}_e\mathrm{d}t$ 进行对比，标称惯性矩阵选为 $\boldsymbol{J}_0=\operatorname{diag}([20,21,22])\ \mathrm{kg}\bullet\mathrm{m}^2$。初始姿态系统状态分别为 $\boldsymbol{\sigma}_b=[0.1,0.3,0.2]^{\mathrm{T}}$ 和 $\boldsymbol{\omega}_b=[0.1,0.2,-0.1]^{\mathrm{T}}\ \mathrm{rad/s}$，期望姿态与角速度分别为 $\boldsymbol{\sigma}_d=[0,0,0]^{\mathrm{T}}$ 与 $\boldsymbol{\omega}_d=0.1[\cos(t/40),-\sin(t/50),-\sin(t/60)]^{\mathrm{T}}\ \mathrm{rad/s}$。外部扰动设为 $\boldsymbol{d}(t)=[0.62\sin(t),0.79\cos(1.5t),1.03\sin(2t+1)]^{\mathrm{T}}\ \mathrm{N}\bullet\mathrm{m}$，惯性矩阵不确定部分满足 $|\Delta J_{ij}|\leqslant 40\%J_{0ii}$（$i,j=1,2,3$）。另外，姿态跟踪 PID 算法参数为 $k_I=20$，$k_P=130$，$k_D=50$。

在积分滑模方法及几何齐次性设计的有限时间姿态跟踪机动算法作用下，姿态系统响应曲线如图 5-9 至图 5-12 所示。仿真中采用类似开关函数方法替换切换项去排除滑模方法带来的抖振，结果如图 5-11 和图 5-12 所示，滑模变量及输入转矩均变得连续。此外，从图 5-9 与图 5-10 可看出，该方法可取得系统具有高精度的姿态跟踪能力。图 5-13 至图 5-19 描述了选用基于加幂积分器的有限时间方法与自适应有限时间算法控制姿态跟踪模型时的系统响应曲线。在面对惯性不确定及外部干扰时，从图 5-13 至图 5-16 可看出设计的控制器仍可保证系统具有较高的控制精度及较强的鲁棒性。从图 5-14 中小图可知标称控制器是连续但不光滑的控制算法，可以抑制相对高阶的扰动。根据图 5-15 和图 5-16 可得滑模边界层与增益自适应律结合避免了高频的控制输入和系统轨迹在滑模面上的抖动。因为对总不确定的上界进行详细叙述及相关参数进行自适应估计，所以设计的有限时间姿态跟踪机动算法不需要扰动的先验信息，便于在航空航天工程中应用。此外，图 5-16 显示结果说明提出的自适应有限时间姿态跟踪算法还有一定程度的抗饱和能力。

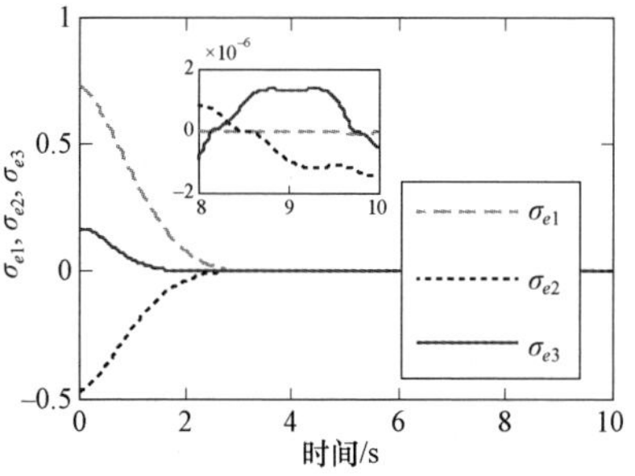

图 5-9　误差 MRP 变化曲线

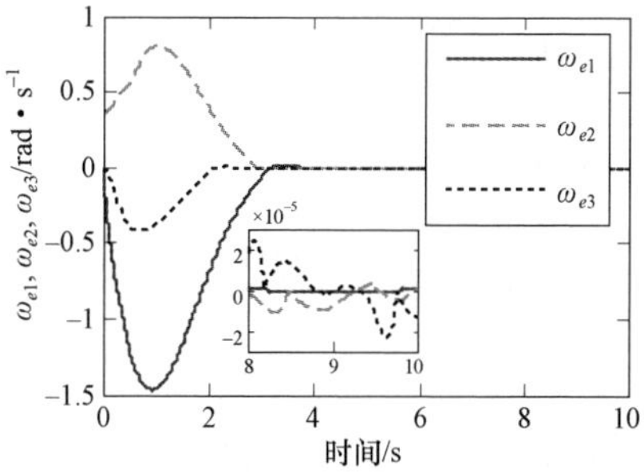

图 5-10　误差角速度变化趋势

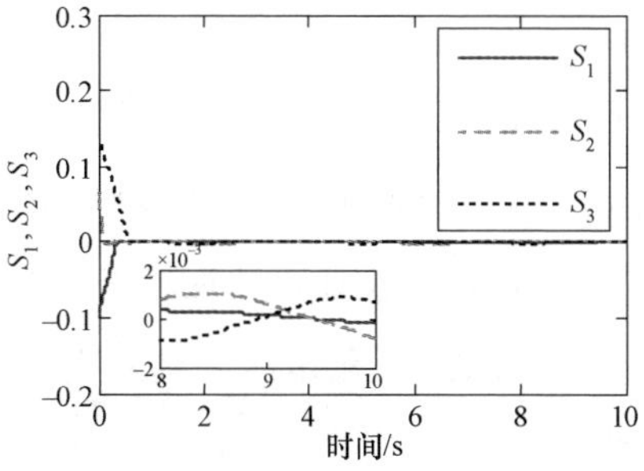

图 5-11　滑模变化曲线

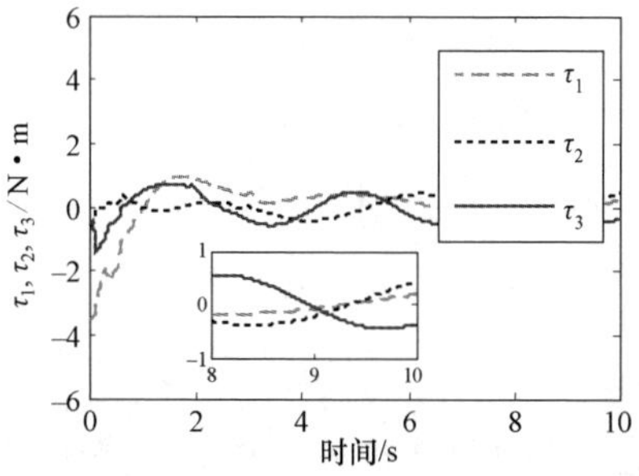

图 5-12　输入转矩变化趋势

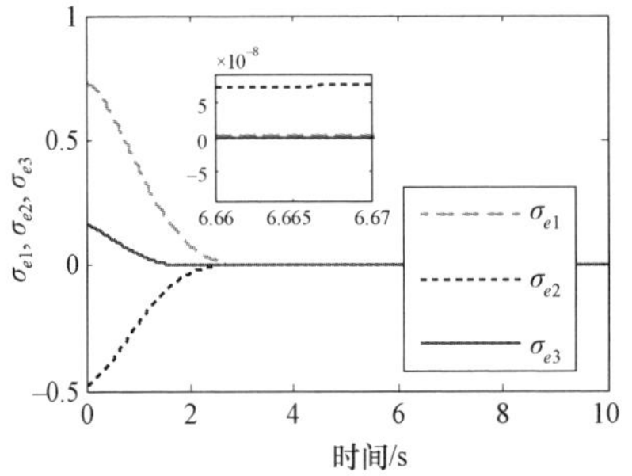

图 5-13　误差 MRP 变化曲线

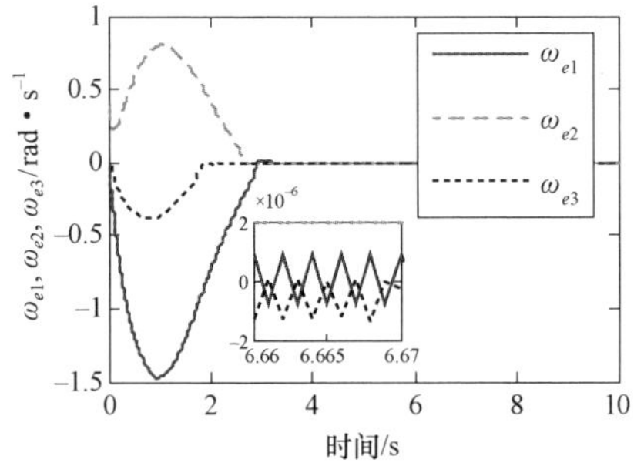

图 5-14　误差角速度变化趋势

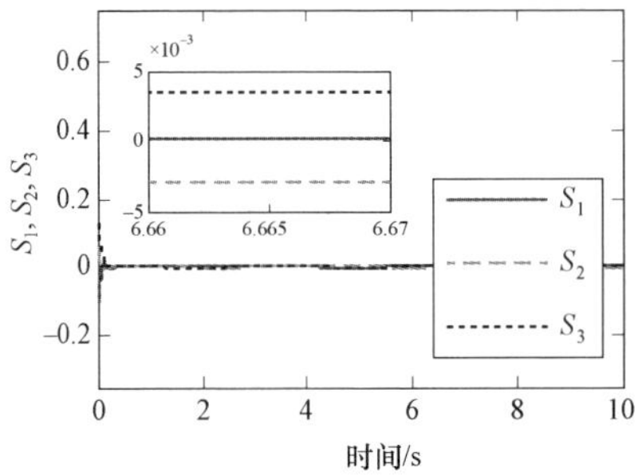

图 5-15　滑模变量随时间变化曲线

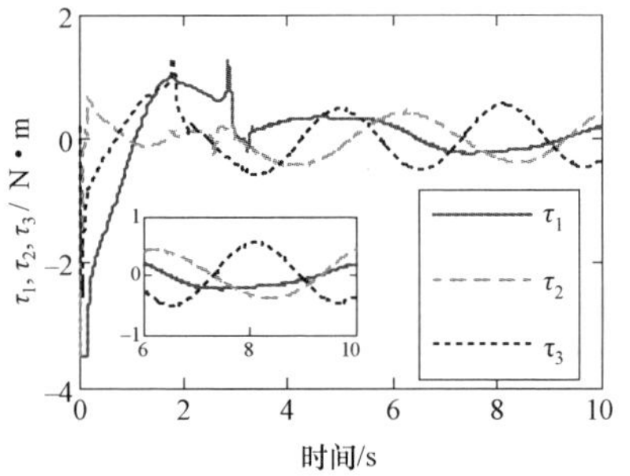

图 5-16　输入转矩随时间变化趋势

由于在第一种情况中对姿态数学模型的数值仿真设定与文献［77］中相似，所以利用在文献［77］中设计的有限时间姿态跟踪算法时，相关参数也未变。从图 5-17 到图 5-19 所示的系统状态及输入转矩曲线可知，Du 等利用加幂积分器构建的算法可实现对系统的实时控制。然而，图 5-17 和图 5-18 中仿真结果说明该算法的控制精度较低，即该方法的鲁棒性不强。由于扰动与控制器参数之间的关系不明确，因此该算法的适用性受到限制。此外，在上述分析的有限时间控制算法作用下，姿态跟踪系统仿真对比结果见表 5-1。其中，收敛时间指姿态跟踪系统状态变量进入并保持在收敛域 $\|\boldsymbol{\sigma}_e\| \leqslant 1.0\times10^{-4}$ 和 $\|\boldsymbol{\omega}_e\| \leqslant 1.0\times10^{-3}$ 的时间，误差 MRP 及角速度的精度指 σ_{bi} 和 ω_{ei}（$i=1,2,3$）进入并永久停留的收敛域。

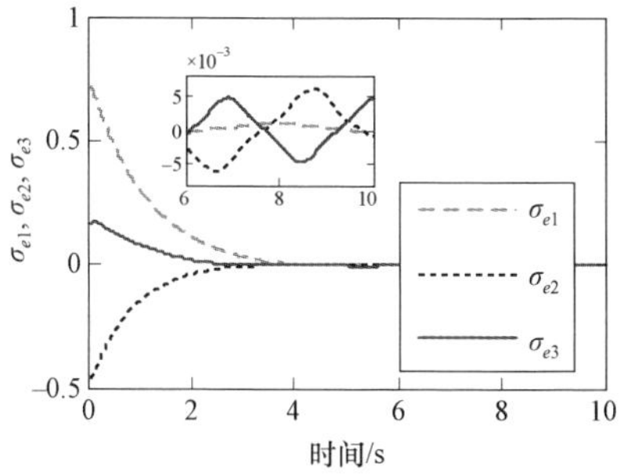

图 5-17 误差 MRP 变化曲线

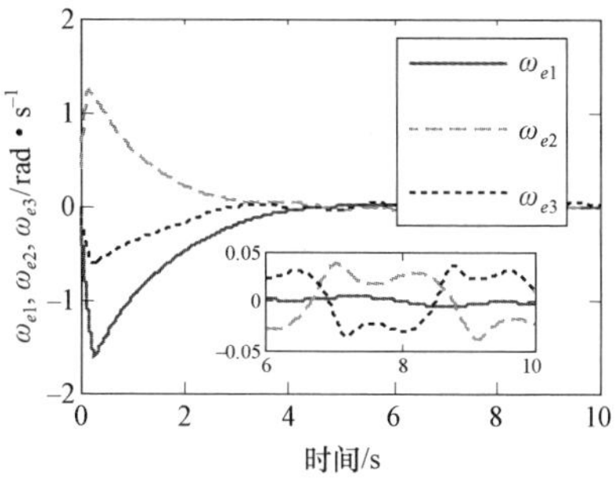

图 5-18 角速度误差变化趋势

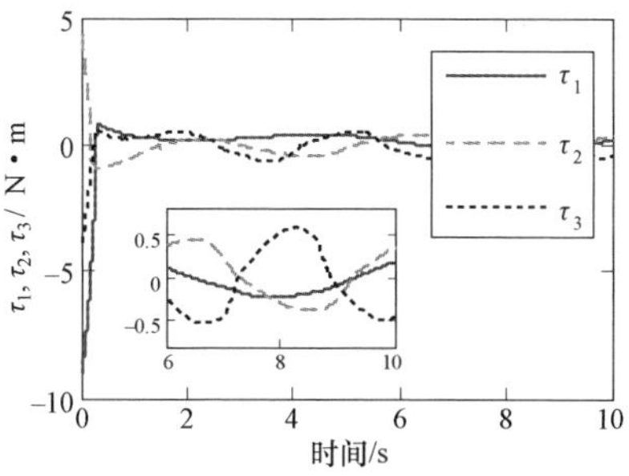

图 5-19 输入转矩变化曲线

表 5-1 不同有限时间稳定控制算法仿真结果

控制方法	误差 MRP	误差角速度/（rad/s）	稳定时间/s
有限时间控制律（5-25）、（5-28）、（5-31）	1.62×10^{-6}	1.79*e*-5	3.86
自适应有限时间控制律（5-25）、（5-28）、（5-34）～（5-37）	6.73×10^{-8}	1.83×10^{-6}	3.27
文献［77］提出的控制律	5.27×10^{-3}	4.91×10^{-2}	4.28

当$\alpha_1'=\alpha_2'=1$时，有限时间控制算法（5-25）、（5-28）、（5-31）变为常用的积分滑模方法，姿态跟踪系统在该方法作用下响应曲线如图 5-28 至图 5-31 所示。PID 控制律具有原理简单、参数易整定及对复杂系统的适应性强等优点，因此在工程应用方面得到最广泛的应用。为更好验证设计算法的优越性，采用新的姿态数学模型，并且选用 PID 控制器进行同样的数值仿真，相应的姿态系统响应曲线在图 5-32 至图 5-34 中显示。图 5-20 至图 5-27

分别给出了采用自适应有限时间跟踪算法（5-25）、（5-28）、（5-34）至（5-37）所得到的姿态跟踪系统暂态跟踪性能、滑模变量收敛特性、输入转矩、自适应增益及其参数的变化趋势。

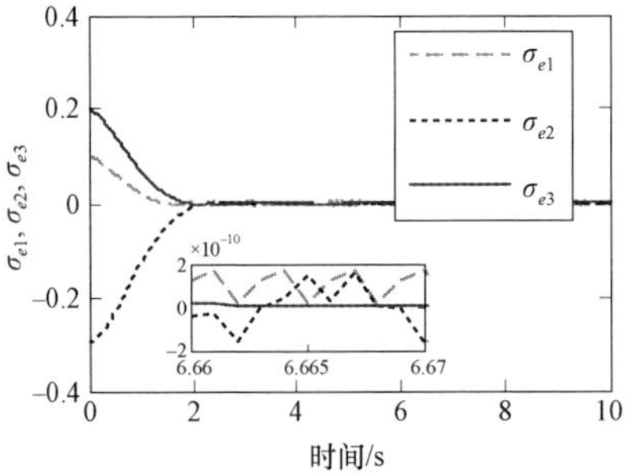

图 5-20　误差 MRP 变化曲线

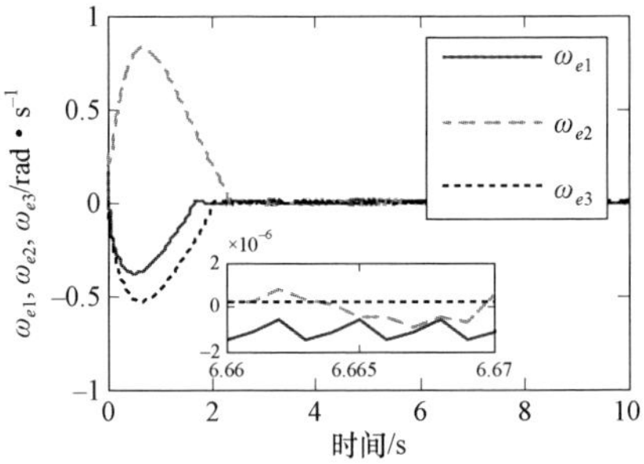

图 5-21　角速度误差变化趋势

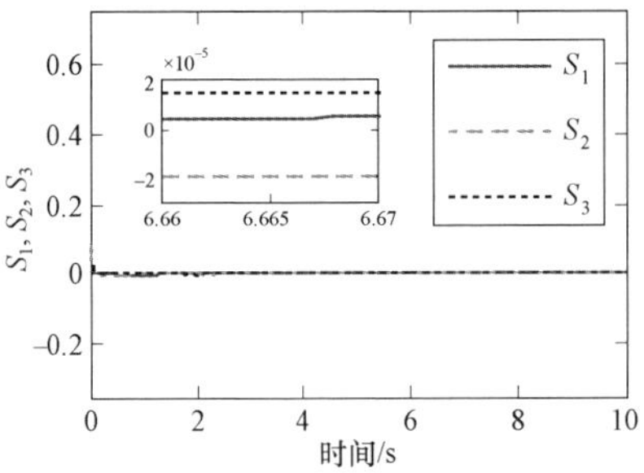

图 5-22　滑模变量随时间变化趋势

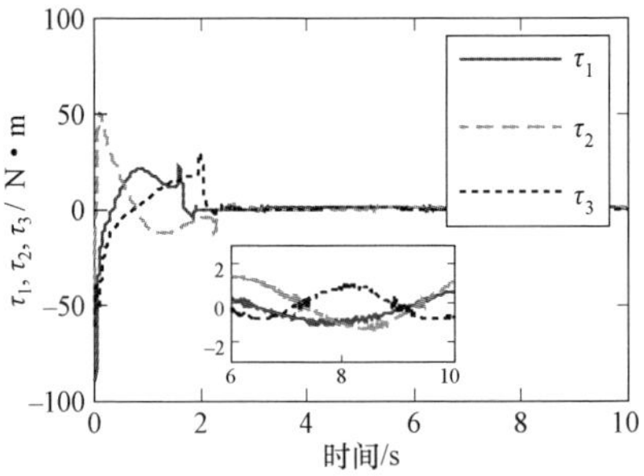

图 5-23　输入转矩变化曲线

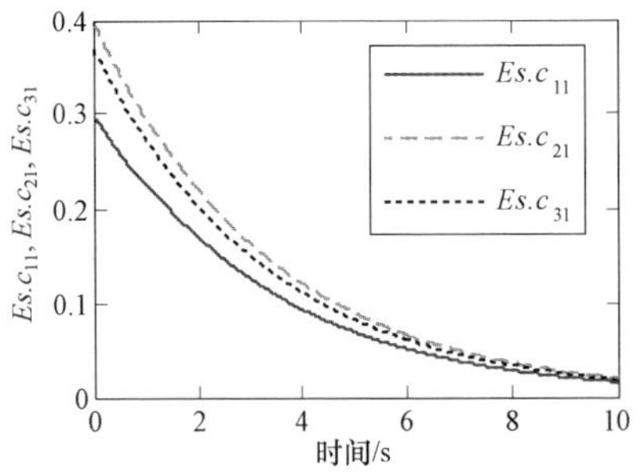

图 5-24　自适应参数 $\hat{c}_{11}, \hat{c}_{21}, \hat{c}_{31}$ 变化曲线

（Es.c$_{11}$ 指 $\hat{c}_{11}$，Es.c$_{21}$ 指 $\hat{c}_{21}$，Es.c$_{31}$ 指 $\hat{c}_{31}$）

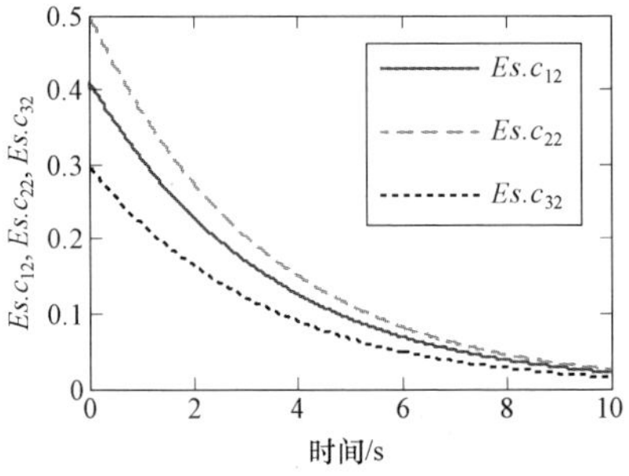

图 5-25　自适应参数 $\hat{c}_{12}, \hat{c}_{22}, \hat{c}_{32}$ 变化曲线

（Es.c$_{12}$ 指 $\hat{c}_{12}$，Es.c$_{22}$ 指 $\hat{c}_{22}$，Es.c$_{32}$ 指 $\hat{c}_{32}$）

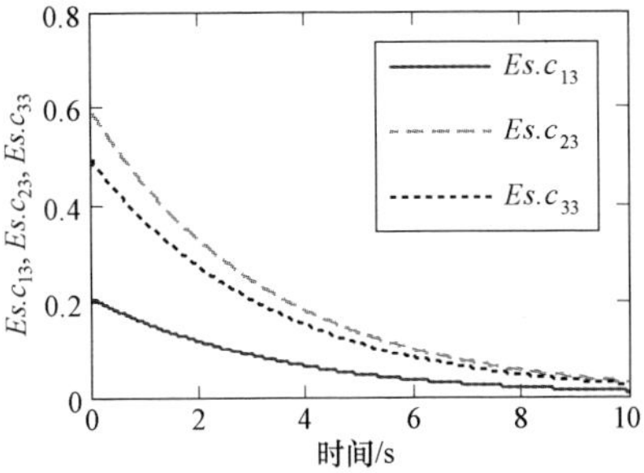

图 5-26　自适应参数 $\hat{c}_{13}, \hat{c}_{23}, \hat{c}_{33}$ 变化曲线

（Es.c$_{13}$ 指 $\hat{c}_{13}$ ，Es.c$_{23}$ 指 $\hat{c}_{23}$ ，Es.c$_{33}$ 指 $\hat{c}_{33}$ ）

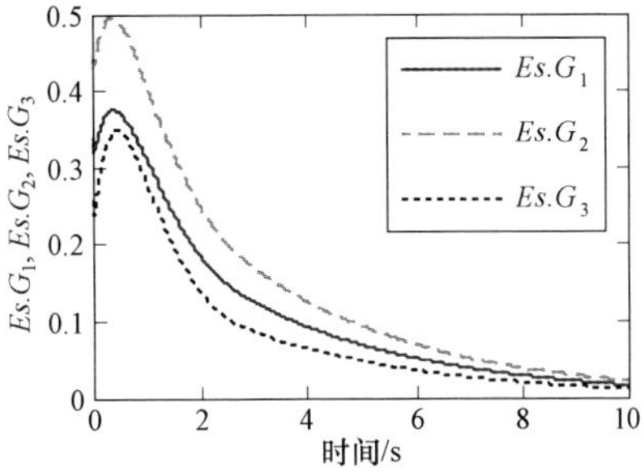

图 5-27　自适应增益 $\hat{G}_1, \hat{G}_2, \hat{G}_3$ 变化曲线

（Es.G$_1$ 指 $\hat{G}_1$ ，Es.G$_2$ 指 $\hat{G}_2$ ，Es.G$_3$ 指 $\hat{G}_3$ ）

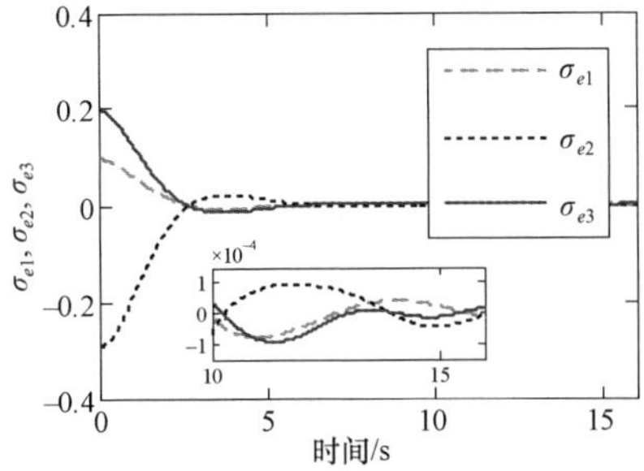

图 5-28　误差 MRP 变化曲线

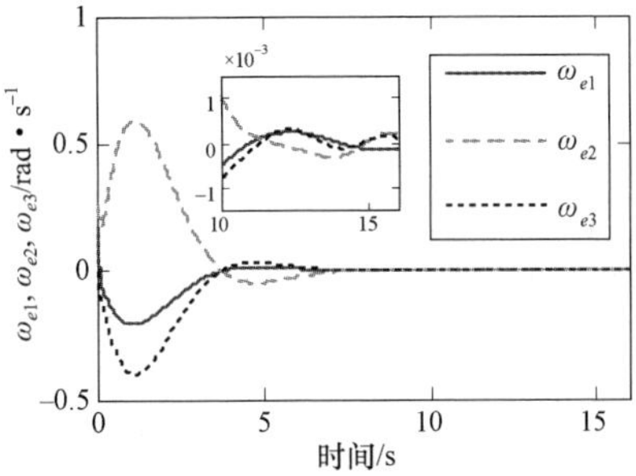

图 5-29　误差角速度变化趋势

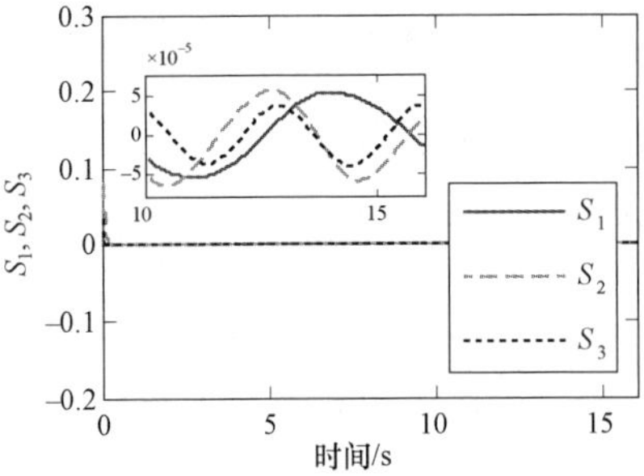

图 5-30　滑模变化曲线

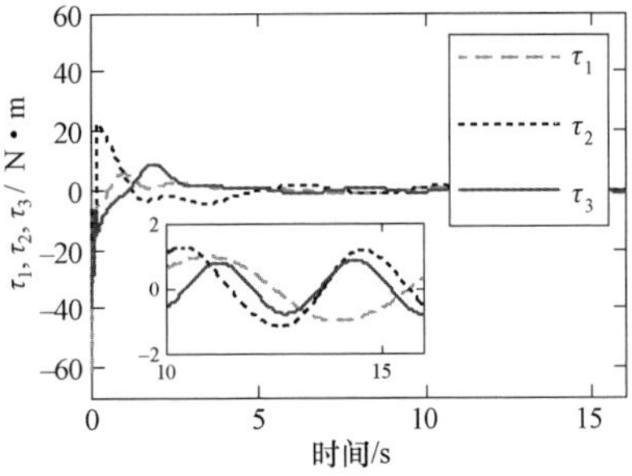

图 5-31　输入转矩变化趋势

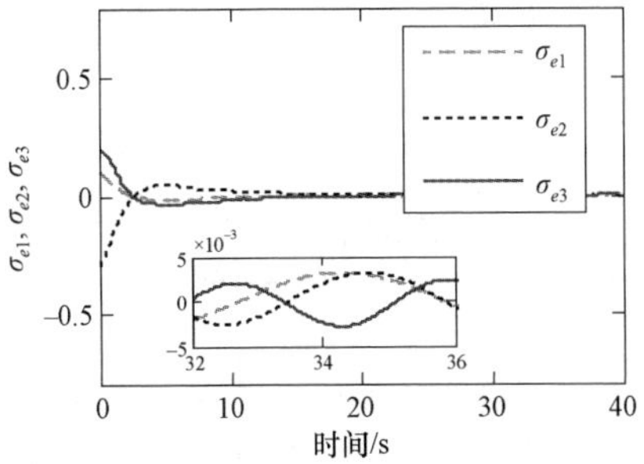

图 5-32　误差 MRP 随时间变化趋势

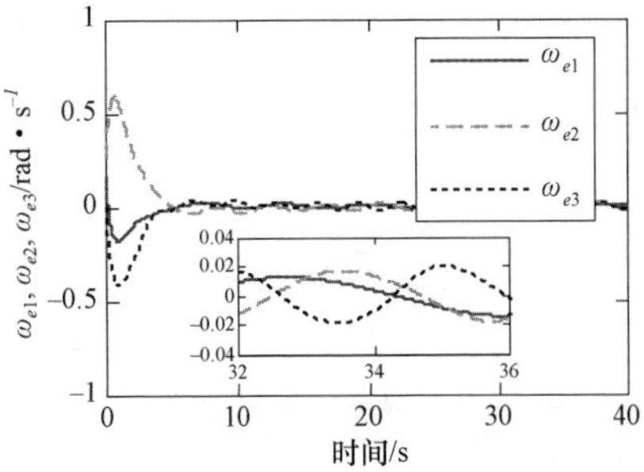

图 5-33　误差角速度随时间变化

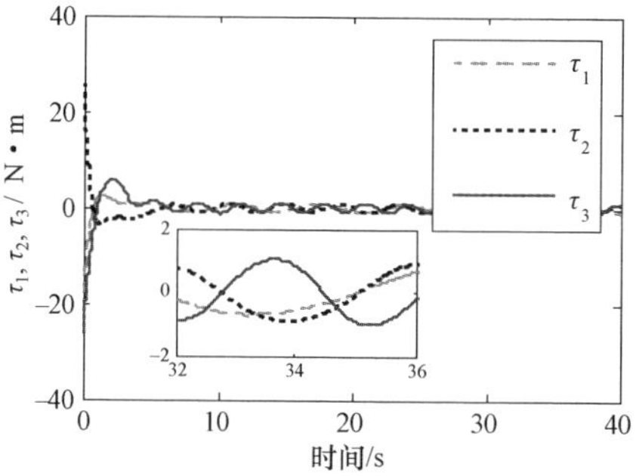

图 5-34 输入转矩随时间变化曲线

从图 5-20 与图 5-21 可看出，姿态跟踪系统在自适应有限时间控制器作用下误差 MRP 和角速度跟踪误差分别大约在 2.16 s 和 2.23 s 稳定到原点附近。积分滑模控制方法是渐近收敛算法，因此姿态跟踪系统状态收敛到原点或含原点的邻域所需要的时间较长，这点从图 5-28 和图 5-29 可得出。然而，PID 作用下姿态系统误差 MRP 和角速度跟踪误差分别大约在 14.21 s 和 14.49 s 收敛到原点附近，同时角速度跟踪精度相对较低，若出现仿真中较大的干扰，该方案不能满足高精度卫星等航天器的要求。图 5-23、图 5-31 和图 5-34 分别给出三种算法下输入转矩曲线，这时 PID 控制律比其余两种提出的方法较好，输入幅值较小且连续光滑。三种控制器对姿态跟踪系统的控制精度及稳定时间均体现在表 5-2 中，其中，收敛时间指姿态跟踪系统状态变量进入并保持在收敛域$\|\boldsymbol{\sigma}_e\| \leqslant 5.0\times10^{-3}$和$\|\boldsymbol{\omega}_e\| \leqslant 3.0\times10^{-2}$所需的时间，控制精度指$\sigma_{bi}$和$\omega_{ei}$（$i=1,2,3$）进入并永久停留在收敛域的上界。除积分滑模方法外，其余算法均不要求总不确定的先验信息，利用工程应用，技术人员可根据实际情况选用较好的控制方案。

表 5-2 自适应有限时间控制器与经典控制器的对比结果

控制方法	误差 MRP	误差角速度/（rad/s）	稳定时间/s
自适应有限时间控制律（5-25）、（5-28）、（5-34）～（5-37）	1.97×10^{-10}	1.82×10^{-8}	2.23

续表

控制方法	误差 MRP	误差角速度/（rad/s）	稳定时间/s
积分滑模控制律（5-25）、（5-28）、（5-31）$\alpha_1' = \alpha_2' = 1$	8.21×10^{-5}	7.86×10^{-4}	7.39
PID 控制律	4.81×10^{-3}	2.13×10^{-2}	14.28

5.5　本章小结

本章针对修正罗德里格参数描述的姿态控制问题进行研究，建立了新的鲁棒有限时间控制算法。对于刚体卫星的姿态稳定，首先构造了非奇异终端滑模面，随后建立了非奇异终端滑模控制算法。另外，利用基于齐次性理论的非线性观测器估计滑模动态中扰动，并基于光滑二阶滑模算法，建立了一种新的鲁棒姿态稳定控制律。对于刚体卫星的姿态跟踪机动，首先将模型转化为 Lagrange 形式，并分析相关的特性。基于转换后的状态空间模型，提出了基于几何齐次性理论的积分滑模控制算法，然后选择根据总不确定上界的参数自适应律与滑模边界层法，提出了连续有限时间姿态跟踪算法。仿真结果表明，本研究的控制方法不但具有较好的鲁棒性及精度，还可保证卫星姿态在有限时间内收敛到原点或原点的邻域。

第 6 章　带碰撞角约束的有限时间制导律

6.1 引　言

高速飞行器是现代战争中非常重要的装备。在攻击目标时，不但需要在撞击目标时具有较小的脱靶量，还要以一定的角度攻击目标以达到特定的效果。如反坦克高速飞行器期望垂直打击坦克顶部进而摧毁整个目标，带有攻击角约束的反舰高速飞行器有利于突破战舰防御系统的拦截。到目前为止，许多学者已开展了一系列关于碰撞角约束制导律的研究[93,96,97,101,108,113,116,119,120]，但这些制导律较多以平面几何数学模型为基础，而且部分方法鲁棒性不强。

在导引律研究中，一般以迫使高速飞行器与目标之间相对距离或两者视线角速率为零为目的。在文献［113，116-120］中，基于视线角速率提出平面与三维制导律，最后通过仿真验证构建的算法，取得较好效果。此外，设计制导律应充分考虑目标的机动性及各种非线性扰动对制导效果的影响。尤其在末制导中，高速飞行器与目标之间相对速度较大，制导时间通常是很短的几秒，这也是导引律设计中应考虑的重要因素。对于鲁棒制导问题，Binazadeh 等基于非线性系统偏稳定理论分别设计了两种导引律[109,110]，同样可保证拦截高机动目标。上述方法虽然可以解决制导问题，但也存在模型较为简单的缺点。另外，设计者仅知道相对距离或视线率稳定时间的上界。

针对当前存在的问题，基于常用模型及推导的模型进行分析，研究新的鲁棒有限时间制导律。在忽略耦合项的前提下，可将三维制导律分为两个平面进行导引律的设计。因此，首先对于平面中攻击角与最终视线角之间的关系进行分析，然后基于非线性控制算法构建有限时间制导律。其次，在以初始航向误差较小下，针对基于动力学导出的三维几何交战模型，以视线角为变量建立二阶微分方程，并且在角度约束条件下利用固定时间收敛算法与滑模方法，建立新的鲁棒制导律。

6.2　二维制导方法研究

为简化问题，假设可忽略高速飞行器的自动驾驶仪与导引头的动态，并且高速飞行器与目标均为质点。考虑两者均在纵向平面内运动，采用极坐标表示的交战双方之间的运动学方程（2-29）至（2-31）。此外，期望攻击角或碰撞角是拦截目标之一。当 $0 \leqslant \lambda_{imp} \leqslant \pi/2$ 时，期望碰撞角为（2-34）；当 $\pi/2 \leqslant \lambda_{imp} \leqslant \pi$ 时，期望碰撞角为

$$\lambda_F = \gamma_{Tf} - \left[\pi + \tan^{-1}\left(\frac{\sin\lambda_{imp}}{\cos\lambda_{imp} - \upsilon}\right)\right] \tag{6-1}$$

而其他范围内期望攻击角可通过类似方法得到。不失一般性，可设定 $\gamma_{Tf} = 0^{\circ}$。对视线角微分方程（2-30）求导，并将（2-29）和（2-31）代入其中

$$\ddot{\lambda} = -\frac{2\dot{r}\dot{\lambda}}{r} + \frac{\cos(\gamma_T - \lambda)}{r}a_T - \frac{\cos(\gamma_M - \lambda)}{r}a_M \tag{6-2}$$

高速飞行器拦截制导是复杂的非线性系统，所以变结构控制在导引律设计中得到广泛应用。根据稳定时间及攻击角约束的要求，采用固定时间收敛的非奇异终端滑模设计新的鲁棒制导律。首先，选取以下非奇异终端滑模面[146]

$$S = e_1 + [\delta_1(e_1) \cdot e_2]^{\frac{q_1}{p_1}} \tag{6-3}$$

式中，$e_1 \coloneqq \lambda - \lambda_F$；$e_2 \coloneqq \dot{\lambda} - \dot{\lambda}_F$；$p_1$ 和 q_1 均为正奇数且满足 $p_1 < q_1 < 2p_1$。另外，为实现固定时间收敛的特性，函数 $\delta_1(\bullet):\Re \to \Re^+$ 表示为

$$\delta_1(x) = \frac{1}{\breve{\alpha}_1 x^{m_1/n_1 - p_1/q_1} + \breve{\beta}_1} \tag{6-4}$$

式中，$\breve{\alpha}_1 > 0$，$\breve{\beta}_1 > 0$；m_1 和 n_1 且均为正奇数并且满足 $m_1 > n_1$ 与 $m_1/n_1 - p_1/q_1 > 1$。当系统到达滑模面 $S=0$ 后，可得

$$e_2 = -\breve{\alpha}_1 e_1^{\frac{m_1}{n_1}} - \breve{\beta}_1 e_1^{\frac{p_1}{q_1}} \tag{6-5}$$

则碰撞角误差的稳定时间满足

$$T < T_M \coloneqq \frac{1}{\breve{\alpha}_1}\frac{n_1}{m_1 - n_1} + \frac{1}{\breve{\beta}_1}\frac{q_1}{q_1 - p_1} \tag{6-6}$$

如果指数参数满足 $\delta^* \coloneqq [q(m-n)]/[n(q-p)] \leqslant 1$，则保守估计的稳定时间上界可表示为

$$T < T_M \coloneqq \frac{q_1}{q_1 - p_1}\left(\frac{1}{\sqrt{\breve{\alpha}_1 \breve{\beta}_1}}\tan^{-1}\sqrt{\frac{\breve{\alpha}_1}{\breve{\beta}_1}} + \frac{1}{\breve{\alpha}_1 \delta^*}\right) \tag{6-7}$$

根据前章对滑模算法的分析可知，通常滑模控制可分为两部分，即等效控制与开关控制

$$a_M = a_{Me} + a_{Md} \tag{6-8}$$

其中 a_{Me} 可通过定义得到。对滑模变量（6-3）求导

$$\dot{S} = \dot{e}_1 + \frac{q_1}{p_1}(\delta_1 e_2)^{\frac{q_1}{p_1}-1}\left[-\breve{\alpha}_1\left(\frac{m_1}{n_1} - \frac{q_1}{p_1}\right)(\delta_1 e_2)^2 e_1^{\frac{m_1}{n_1}-\frac{q_1}{p_1}-1} + \delta_1(\ddot{\lambda} - \ddot{\lambda}_F)\right] \tag{6-9}$$

机动目标的航迹角 γ_T 与加速度 a_T 随时间变化，所以期望的视线角的导数为

$$\dot{\lambda}_F = \dot{\gamma}_T = \frac{a_T}{V_T},\quad \ddot{\lambda}_F = \ddot{\gamma}_T = \frac{\dot{a}_T}{V_T} \tag{6-10}$$

假定目标机动受下面一阶动态描述的自动驾驶仪驱动

$$\tau_T \dot{a}_T = a_{TC} - a_T,\ |a_{TC}| \leqslant a_{TCM} \tag{6-11}$$

式中，τ_T 为自动驾驶仪的时间常数；a_{TC} 表示指令横向加速度，上界为 a_{TCM}。对于等效控制 a_{Me}，由 $\dot{S}=0$ 得

$$\begin{aligned} a_{Me} = & -\frac{r}{\cos(\gamma_M-\lambda)}\delta_1^{-1}\left[-\frac{p_1}{q_1}\delta_1^{1-\frac{q_1}{p_1}}e_2^{2-\frac{q_1}{p_1}}+\breve{\alpha}_1\left(\frac{m_1}{n_1}-\frac{p_1}{q_1}\right)e_1^{\frac{m_1}{n_1}-\frac{p_1}{q_1}-1}(\delta_1 e_2)^2\right] \\ & -\frac{r}{\cos(\gamma_M-\lambda)}\left(\frac{2\dot{r}\dot{\lambda}}{r}-\frac{\cos(\gamma_T-\lambda)}{r}a_T+\frac{\dot{a}_T}{V_T}\right) \end{aligned} \tag{6-12}$$

相应滑模变量的固定时间收敛项与切换控制项为

$$\begin{aligned} a_{Md} = & \frac{p_1 r \cdot \delta_1^{-\frac{q_1}{p_1}}}{q_1 \cdot \cos(\gamma_M-\lambda)}\delta_\tau\left(e_2^{\frac{q_1}{p_1}-1}\right)\cdot e_2^{1-\frac{q_1}{p_1}}\cdot\left(\breve{\alpha}_2 S^{\frac{m_2}{n_2}}+\breve{\beta}_2 S^{\frac{p_2}{q_2}}\right) \\ & +\frac{rM}{\delta_1 \mathrm{sign}(\cos(\gamma_M-\lambda))}\mathrm{sign}(S) \end{aligned} \tag{6-13}$$

式中，m_2、n_2、p_2、q_2 均为正奇数且满足 $m_2 > n_2$，$p_2 < q_2$。另外，为避免奇异现象，在控制器（6-13）中加入函数 $\delta_\tau(\bullet)$: $[0, +\infty) \to [0, 1]$，可表示为

$$\delta_\tau(x)=\begin{cases} \tan\left(\dfrac{\pi}{4}\cdot\dfrac{x}{\tau}\right) & if\ \ x\leqslant\tau \\ 1 & if\ \ x>\tau \end{cases} \tag{6-14}$$

式中，τ 为正常数。

从式（6-12）可看出，制导律必须测量目标的机动加速度 a_T 及其变化动态 $\dot{a}_T$，但在实际制导律设计过程中是不现实的。因此可设定机动加速度 a_T 及其变化率 $\dot{a}_T$ 为扰动，利用不连续开关控制抑制不确定部分，则上述等效制导律 a_{Me} 可修改为：

$$a_{Me} = \frac{r}{\cos(\gamma_M-\lambda)}\left(-\frac{2\dot{r}\dot{\lambda}}{r}\right) \tag{6-15}$$

以便决定开关控制的增益 M，可选以下 Lyapunov 函数 $V=S^2/2$，对其求导并将上式代入可得

$$
\begin{aligned}
\dot{V} &= \frac{q_1}{p_1}(\delta_1(e_1)e_2)^{\frac{q_1}{p_1}-1} S\left[\frac{p_1}{q_1}\delta_1(e_1)^{1-\frac{q_1}{p_1}} e_2^{2-\frac{q_1}{p_1}} - \frac{q_1}{p_1}\left(\frac{m_1}{n_1}-\frac{p_1}{q_1}\right)e_1^{\frac{m_1}{n_1}-\frac{p_1}{q_1}-1}(\delta_1(e_1)e_2)^2\right] \\
&\quad + \frac{q_1}{p_1}(\delta_1(e_1)e_2)^{\frac{q_1}{p_1}-1} S\left[\delta_1(e_1)\left(-\frac{2\dot{r}\dot{\theta}}{r}+\frac{\cos\theta_T}{r}a_T-\frac{\cos\theta_M}{r}a_M-\frac{\dot{a}_T}{V_T}\right)\right] \\
&= \frac{q_1}{p_1}(\delta_1(e_1)e_2)^{\frac{q_1}{p_1}-1}|S|\mathrm{sign}(S)\left[\frac{p_1}{q_1}\delta_1(e_1)^{1-\frac{q_1}{p_1}} e_2^{2-\frac{q_1}{p_1}} - \frac{q_1}{p_1}\left(\frac{m_1}{n_1}-\frac{p_1}{q_1}\right)e_1^{\frac{m_1}{n_1}-\frac{p_1}{q_1}-1}(\delta_1(e_1)e_2)^2\right] \\
&\quad \frac{q_1}{p_1}(\delta_1(e_1)e_2)^{\frac{q_1}{p_1}-1}|S|\left[\mathrm{sign}(S)\delta_1(e_1)\left(\frac{\cos\theta_T}{r}a_T-\frac{\dot{a}_T}{V_T}\right)-M|\cos\theta_M|\right]
\end{aligned}
\tag{6-16}
$$

当 $e_2 \neq 0$ 时，$(\delta_1(e_1)e_2)^{\frac{q_1}{p_1}-1} > 0$ 成立。因此，为保证滑模变量能在有限时间内到达滑模面，切换增益 M 应满足

$$
\begin{aligned}
M &> \frac{\mathrm{sign}\,(S)}{|\cos\theta_M|}\left[\frac{p_1}{q_1}\delta_1^{1-\frac{q_1}{p_1}} e_2^{2-\frac{q_1}{p_1}} - \frac{q_1}{p_1}\left(\frac{m_1}{n_1}-\frac{p_1}{q_1}\right)e_1^{\frac{m_1}{n_1}-\frac{p_1}{q_1}-1}(\delta_1 e_2)^2\right] \\
&\quad + \frac{\mathrm{sign}(S)}{|\cos\theta_M|}\delta_1\left(\frac{\cos\theta_T}{r}a_T-\frac{\dot{a}_T}{V_T}\right)
\end{aligned}
\tag{6-17}
$$

则切换项为

$$
a_{Md} = \frac{rM}{\delta_1 \mathrm{sign}(\cos(\gamma_M-\lambda))}\mathrm{sign}(S) \tag{6-18}
$$

评注 6.1 当机动加速度 a_T 及其变化率 $\dot{a}_T$ 未知时，滑模变量收敛到滑模面的收敛时间可根据有限时间稳定时间得到，因此上述制导律可理解为有限时间收敛鲁棒导引方法。然而，当制导系统状态在滑模面上滑动时，视线角误差及视线率的稳定时间上界仍然是确定的。

6.3 三维固定时间制导方法研究

实际高速飞行器与目标交战场景是三维几何关系，上述纵向平面模型过于简单，因此设计的制导律不易用于实际模型。根据基本动力学推导的模型（2-41）至（2-47），其较为详细地描述了高速飞行器与目标之间三维交

战几何关系。另外，拦截导引律设计中还考虑高速飞行器拥有一定姿态攻击目标，即高速飞行器速度在参考坐标系中应以期望的方位角 θ_{LD} 和高低角 ϕ_{LD} 碰撞目标。

6.3.1　高速飞行器与目标相对运动关系

在制导过程中，高速飞行器与目标之间的相对运动包括径向运动与视线旋转运动。通过制导律保证两者之间视线率 $\dot{\theta}_L$ 和 $\dot{\phi}_L$ 为零，可有效实现攻击目标。因此，可将数学模型转化为关于视线角与横向加速度的二阶微分方程。此外，在式（2-45）和（2-47）中分别出现横向加速度除以 $\cos\theta_m$ 和 $\cos\theta_t$ 项，所以假定在导引过程中两式均满足条件 $|\theta_m| \neq \pi/2$ 和 $|\theta_t| \neq \pi/2$。解决制导问题等价于设计横向加速度保证下式成立：

$$\dot{\theta}_L = \dot{\phi}_L = 0;\quad \theta_L = \theta_{LD},\ \phi_L = \phi_{LD} \tag{6-19}$$

即构建鲁棒导引律迫使视线角与视线率在有限时间内到达期望值。

定义变量 $\bar{\boldsymbol{x}} := \left[\bar{\boldsymbol{x}}_1^{\mathrm{T}}, \bar{\boldsymbol{x}}_2^{\mathrm{T}}\right]^{\mathrm{T}}$，$\bar{\boldsymbol{x}}_1 := [\bar{x}_{11}, \bar{x}_{12}]^{\mathrm{T}} = [\theta_L, \phi_L]^{\mathrm{T}}$ 和 $\bar{\boldsymbol{x}}_2 := [\bar{x}_{21}, \bar{x}_{22}]^{\mathrm{T}} = \left[\dot{\theta}_L, \dot{\phi}_L\right]^{\mathrm{T}}$。根据上述分析可得如下结果。

引理 6.1　考虑数学模型（2-41）至（2-47）满足所有上述假设，则高速飞行器与目标之间交战几何模型可转化为下面类似状态空间形式：

$$\begin{cases} \dot{\bar{\boldsymbol{x}}}_1 = \bar{\boldsymbol{x}}_2 \\ \dot{\bar{\boldsymbol{x}}}_2 = \bar{\boldsymbol{f}}(\bar{\boldsymbol{x}}) + \bar{\boldsymbol{B}}(\bar{\boldsymbol{x}})\boldsymbol{u} + \boldsymbol{C}(\bar{\boldsymbol{x}})\bar{\boldsymbol{d}} \end{cases} \tag{6-20}$$

式中

$$\boldsymbol{C}(\bar{\boldsymbol{x}}) = [0\quad \cos\theta_t / r;\ \cos\phi_t / (r\cos\bar{x}_{11}) - \sin\theta_t \sin\phi_t / (r\cos\bar{x}_{11})],$$

$$\bar{f}_1(\bar{\boldsymbol{x}}) := -2\dot{r}\bar{x}_{21}/r - \bar{x}_{22}^2 \sin\bar{x}_{11}\cos\bar{x}_{11};\quad \bar{f}_2(\bar{\boldsymbol{x}}) := -2\dot{r}\bar{x}_{22}/r + 2\bar{x}_{21}\bar{x}_{22}\tan\bar{x}_{11},$$

$$\boldsymbol{u} = [a_{zm}, a_{ym}]^{\mathrm{T}},\quad \bar{\boldsymbol{d}} = [a_{zt}, a_{yt}]^{\mathrm{T}};\quad \bar{\boldsymbol{f}}(\bar{\boldsymbol{x}}) := [\bar{f}_1(\bar{\boldsymbol{x}}), \bar{f}_2(\bar{\boldsymbol{x}})]^{\mathrm{T}},$$

$$\bar{\boldsymbol{B}}(\bar{\boldsymbol{x}}) = [0\quad -\cos\theta_m / r;\ -\cos\phi_m / (r\cos\bar{x}_{11})\quad \sin\theta_m \sin\phi_m / (r\cos\bar{x}_{11})]。$$

证明：根据式（2-42）和（2-43），视线率可分别表示为

$$\dot{\theta}_L = (V_t \sin\theta_t - V_m \sin\theta_m)/r \tag{6-21}$$

$$\dot{\phi}_L=(V_t\cos\theta_t\sin\phi_t-V_m\cos\theta_m\sin\phi_m)/(r\cos\theta_L) \tag{6-22}$$

再对式（2-42）和（2-43）求导得

$$r\ddot{\theta}_L=V_t\dot{\theta}_t\cos\theta_t-V_m\dot{\theta}_m\cos\theta_m-\dot{r}\dot{\theta}_L \tag{6-23}$$

$$\begin{aligned}r\ddot{\phi}_L\cos\theta_L=&-V_t\dot{\theta}_t\sin\theta_t\sin\phi_t+V_t\dot{\phi}_t\cos\theta_t\cos\phi_t\\&+V_m\dot{\theta}_m\sin\theta_m\sin\phi_m-V_m\dot{\phi}_m\cos\theta_m\cos\phi_m\\&-\dot{r}\dot{\phi}_L\cos\theta_L+r\dot{\phi}_L\dot{\theta}_L\sin\theta_L\end{aligned} \tag{6-24}$$

将式（2-41）、（6-21）、（6-22）、（2-44）至（2-47）代入上式可得

$$\begin{aligned}r\ddot{\theta}_L=&\cos\theta_t a_{zt}-\cos\theta_m a_{zm}-\dot{\phi}_L\sin\theta_L(V_T\sin\phi_t\cos\theta_t-V_M\sin\phi_m\cos\theta_m)\\&-\dot{\theta}_L(V_T\cos\phi_t\cos\theta_t-V_M\cos\phi_m\cos\theta_m)-\dot{r}\dot{\theta}_L\end{aligned} \tag{6-25}$$

$$\begin{aligned}r\ddot{\phi}_L\cos\theta_L=&-\sin\theta_t\sin\phi_t a_{zt}+\sin\theta_m\sin\phi_m a_{zm}+\cos\phi_t a_{yt}-\cos\phi_m a_{ym}\\&-\dot{r}\dot{\phi}_L\cos\theta_L+r\dot{\phi}_L\dot{\theta}_L\sin\theta_L+\dot{\phi}_L\sin\theta_L(V_T\sin\theta_t-V_M\sin\theta_m)\\&-\dot{\phi}_L\cos\theta_L(V_T\cos\theta_t\cos\phi_t-V_M\cos\theta_m\cos\phi_m)\end{aligned} \tag{6-26}$$

根据（2-41）至（2-43），视线角的微分方程可表示为

$$\ddot{\theta}_L=-\frac{2\dot{r}\dot{\theta}_L}{r}-\dot{\phi}_L^2\sin\theta_L\cos\theta_L-\frac{\cos\theta_m}{r}a_{zm}+\frac{\cos\theta_t}{r}a_{zt} \tag{6-27}$$

$$\begin{aligned}\ddot{\phi}_L=&-\frac{2\dot{r}\dot{\phi}_L}{r}+2\dot{\phi}_L\dot{\theta}_L\tan\theta_L+\frac{\sin\theta_m\sin\phi_m}{r\cos\theta_L}a_{zm}-\frac{\cos\phi_m}{r\cos\theta_L}a_{ym}\\&-\frac{\sin\theta_t\sin\phi_t}{r\cos\theta_L}a_{zt}+\frac{\cos\phi_t}{r\cos\theta_L}a_{yt}\end{aligned} \tag{6-28}$$

利用变量 x_{11}、x_{12}、x_{21}、x_{22} 代替上式中视线角 θ_L,ϕ_L 与视线率 $\dot{\theta}_L,\dot{\phi}_L$ 可得（6-20），证毕。

为便于构造具有一定攻击角的制导律，定义新变量

$$\tilde{\boldsymbol{x}}:=[\tilde{\boldsymbol{x}}_1^{\mathrm{T}},\tilde{\boldsymbol{x}}_2^{\mathrm{T}}]^{\mathrm{T}},\ \tilde{\boldsymbol{x}}_1:=[\tilde{x}_{11},\tilde{x}_{12}]^{\mathrm{T}}=[\theta_L-\theta_{LD},\ \phi_L-\phi_{LD}]^{\mathrm{T}},\ \tilde{\boldsymbol{x}}_2:=\bar{\boldsymbol{x}}_2 \tag{6-29}$$

则由命题 6.1 中式（6-20）可得关于视线角误差 $\theta_L-\theta_{LD}$，$\phi_L-\phi_{LD}$ 及其导数的类状态空间形式如下

$$\begin{cases}\dot{\tilde{\boldsymbol{x}}}_1=\tilde{\boldsymbol{x}}_2\\\dot{\tilde{\boldsymbol{x}}}_2=\bar{\boldsymbol{f}}(\tilde{x}_{11}+\theta_{LD},\tilde{x}_{12}+\phi_{LD},\tilde{x}_{21},\tilde{x}_{22})+\bar{\boldsymbol{B}}(\tilde{x}_{11}+\theta_{LD},\tilde{x}_{12}+\phi_{LD},\tilde{x}_{21},\tilde{x}_{22})\boldsymbol{u}\\\qquad+\mathbf{C}(\tilde{x}_{11}+\theta_{LD},\tilde{x}_{12}+\phi_{LD},\tilde{x}_{21},\tilde{x}_{22})\bar{\boldsymbol{d}}\\\quad=\tilde{\boldsymbol{f}}(\tilde{\boldsymbol{x}})+\tilde{\boldsymbol{B}}(\tilde{\boldsymbol{x}})\boldsymbol{u}+\tilde{\boldsymbol{C}}(\tilde{\boldsymbol{x}})\bar{\boldsymbol{d}}\end{cases} \tag{6-30}$$

上式与原式（6-20）区别在于将指定的方位角 θ_{LD} 与高低角 ϕ_{LD} 引入标准二阶微分方程中。

在实际场景中，目标的加速度可认为非线性系统（6-30）的外部扰动。虽然不易准确估计目标机动，但对目标的机动加速度上界可进行预估。因此，可对此做如下假设。

假设 6.1　存在两个正常数，使得目标加速度满足下面条件

$$\left|a_{yt}\right| \leqslant a_{yt}^{M}, \quad \left|a_{zt}\right| \leqslant a_{zt}^{M} \tag{6-31}$$

此外，对于基于不连续控制方法构造的鲁棒反馈制导律，可采用上述假设保证不确定动态制导系统的稳定。另外，可根据雷达等测量目标的速度向量，所以可得 θ_t 和 ϕ_t 的相关信息，即系数矩阵 $\tilde{\mathbf{C}}(\tilde{x})$ 和 $\mathbf{C}(\bar{x})$ 是已知的。

评注 6.2　根据上述模型，可构造各种制导律研究高速飞行器以各种方向角与高低角攻击目标。如打击固定目标或匀速飞行目标，则忽略系统中扰动，利用线性系统理论设计导引律；如碰撞机动目标，则可采用各种非线性方法构建鲁棒制导律以减小脱靶量。

6.3.2　鲁棒固定时间导引律

根据对制导问题的分析，利用优化与滑模方法设计新的鲁棒有限时间制导律。该方法可驱使视线率在固定时间内收敛到原点，并且可根据实际需要而事先设定准确收敛时间，从而保证以期望攻击角碰撞目标。制导律分为三项，可表示如下

$$\boldsymbol{u} = \boldsymbol{u}_{eq} + \boldsymbol{u}_{n} + \boldsymbol{u}_{d} \tag{6-32}$$

式中，$\boldsymbol{u}_{eq}$ 用于补偿抵消已知项；$\boldsymbol{u}_{n}$ 保证视线率收敛到原点；$\boldsymbol{u}_{d}$ 用于抑制目标机动。

首先，考虑目标无机动情形，即制导系统是标称系统时，设计制导律迫使视线角变化率收敛到零。相应的制导律为 $\boldsymbol{u} = \boldsymbol{u}_{eq} + \boldsymbol{u}_{n}$，而补偿项为 $\boldsymbol{u}_{eq} = -\tilde{\boldsymbol{B}}(\tilde{\boldsymbol{x}})^{-1}\tilde{\boldsymbol{f}}(\tilde{\boldsymbol{x}})$。鉴于系统（6-30），$\boldsymbol{u}_{n}$ 可表示为 $\boldsymbol{u}_{n} = \tilde{\boldsymbol{B}}(\tilde{\boldsymbol{x}})^{-1}\boldsymbol{u}_{sn}$。因此，

设计 $\boldsymbol{u}_{sn}=[u_{sn1},u_{sn2}]^{\mathrm{T}}$ 对于攻击静止或固定速度目标非常重要。将 $\boldsymbol{u}_{eq}$ 和 $\boldsymbol{u}_n$ 代入无扰动的三维交战模型得

$$\dot{\tilde{\boldsymbol{x}}}_1=\tilde{\boldsymbol{x}}_2,\ \dot{\tilde{\boldsymbol{x}}}_2=\boldsymbol{u}_{sn} \tag{6-33}$$

为便于标称导引律的设计，上述两维积分链系统可采用如下形式表述

$$\dot{\tilde{\boldsymbol{x}}}_{si}=\boldsymbol{E}_i\tilde{\boldsymbol{x}}_{si}+\boldsymbol{F}_i u_{sni},\ \forall i\in\{1,2\} \tag{6-34}$$

式中，$\tilde{\boldsymbol{x}}_{si}=[x_{1i},x_{2i}]^{\mathrm{T}}$，$\boldsymbol{E}_i=[0\ \ 1;0\ \ 0]$ 和 $\boldsymbol{F}_i=[0\ \ 1]^{\mathrm{T}}$。

对于高速飞行器与目标的交会，可选用线性时不变系统的优化控制律来驱使系统（6-30）（$\bar{\boldsymbol{d}}=\boldsymbol{0}$）在有限时间内收敛到原点。该方法可使下述性能指标最小化

$$J_i=\int_0^{\mathrm{T}} L_i(\tilde{\boldsymbol{x}}_{si},u_{sni})\,\mathrm{d}t,\ \ \forall i\in\{1,\ 2\} \tag{6-35}$$

式中，$L_i(\tilde{\boldsymbol{x}}_{si},u_{sni})=\dfrac{1}{2}(\tilde{\boldsymbol{x}}_{si}^{\mathrm{T}}\boldsymbol{P}\tilde{\boldsymbol{x}}_{si}+u_{sni}^2)$。其中，$\boldsymbol{P}$ 是一个正定对称矩阵，并且终端状态 $\tilde{\boldsymbol{x}}_{si}(T)=0$ 可通过下面优化控制器来设定。

引理[147]6.1 线性时不变系统（6-34）是可达的，并且其初始条件 $\tilde{\boldsymbol{x}}_{si}(0)$ 是有界的情况下，控制方法

$$u_{sni}=-\boldsymbol{F}_i^{\mathrm{T}}\boldsymbol{H}_i\tilde{\boldsymbol{x}}_{si}(t)+\boldsymbol{F}_i^{\mathrm{T}}\cdot\boldsymbol{\zeta}_i(t) \tag{6-36}$$

不但可最小化性能指标，还可保证视线角误差及其变化率在确定时间内收敛到原点；其中 $\boldsymbol{\zeta}_i(t)$ 与 $\boldsymbol{H}_i$ 可按如下公式确定。

$$\dot{\boldsymbol{\zeta}}_i=(\boldsymbol{H}_i\boldsymbol{F}_i\boldsymbol{F}_i^{\mathrm{T}}-\boldsymbol{E}_i^{\mathrm{T}})\boldsymbol{\zeta}_i,\ \ \boldsymbol{E}_i^{\mathrm{T}}\boldsymbol{H}_i+\boldsymbol{H}_i\boldsymbol{E}_i-\boldsymbol{H}_i\boldsymbol{F}_i\boldsymbol{F}_i^{\mathrm{T}}\boldsymbol{H}_i+\boldsymbol{P}=\boldsymbol{0} \tag{6-37}$$

由定理 6.2 可知，$\boldsymbol{\zeta}_i(t)$ 和 $\boldsymbol{H}_i$ 对于控制律的应用非常重要。根据式（6-37）中微分方程可得

$$\boldsymbol{\zeta}_i(t)=e^{\mathbf{G}_i t}\boldsymbol{\zeta}_i(0),\ \ \boldsymbol{G}_i=\boldsymbol{H}_i\boldsymbol{F}_i\boldsymbol{F}_i^{\mathrm{T}}-\boldsymbol{E}_i^{\mathrm{T}} \tag{6-38}$$

假设 $t\leqslant T$，则基于式（6-34）、（6-36）和（6-38）可得

$$\dot{\tilde{\boldsymbol{x}}}_{si}(t)=-\boldsymbol{G}_i^{\mathrm{T}}\tilde{\boldsymbol{x}}_{si}(t)+\boldsymbol{F}_i\boldsymbol{F}_i^{\mathrm{T}}\mathrm{e}^{\boldsymbol{G}_i t}\boldsymbol{\zeta}_i(0) \tag{6-39}$$

对上式两边同乘以 $e^{G_i^T t}$ 可得

$$\begin{aligned} &e^{G_i^T t}\dot{\tilde{x}}_{si}+e^{G_i^T t}G_i^T\tilde{x}_{si}=e^{G_i^T t}F_iF_i^Te^{G_i t}\zeta_i(0)\\ &\to\frac{d}{dt}(e^{G_i^T t}\tilde{x}_{si})=e^{G_i^T t}F_iF_i^Te^{G_i t}\zeta_i(0) \end{aligned} \tag{6-40}$$

对上式从 $t=0$ 到 $t=T$ （$\tilde{x}_{si}(T)=0$）积分得到

$$\begin{aligned} &\int_0^T e^{G_i^T t}\tilde{x}_{si}(t)\,dt=\int_0^T e^{G_i^T t}F_iF_i^Te^{G_i t}\zeta_i(0)\,dt\\ &\to\tilde{x}_{si}(0)=-\int_0^T e^{G_i^T t}F_iF_i^Te^{G_i t}\zeta_i(0)\,dt \end{aligned} \tag{6-41}$$

根据对矩阵 G_i 和 F_i 的分析及 $T<\infty$，可知矩阵 $\int_0^T e^{G_i^T t}F_iF_i^Te^{G_i t}\xi_i(0)\,dt$ 可逆，因此初值条件 $\zeta_i(0)$ 可依据下式推导

$$\zeta_i(0)=-M_i^{-1}\tilde{x}_{si}(0),\ M_i=\int_0^T e^{G_i^T t}F_iF_i^Te^{G_i t}\zeta_i(0)\,dt \tag{6-42}$$

此外，矩阵 M_i 可采用下面块矩阵的指数形式得到

$$\exp\left(\begin{bmatrix}-G_i^T & F_iF_i^T\\ 0 & \mathbf{G}_i\end{bmatrix}\right)=\begin{bmatrix}M_{i11} & M_{i12}\\ 0 & M_{i22}\end{bmatrix},\ M_i=M_{i22}^TM_{i12} \tag{6-43}$$

在（6-37）中 Riccati 方程可通过设定的对称正定矩阵 P 获得。例如当 $P=[1\ 0;0\ 1]$ 时，对应 Riccati 方程的解为对称正定矩阵 $H_i=[1.732\ 1;1\ 1.732]$。控制律（6-36）可保证系统（6-33）状态在 $t=T$ 时刻到达原点，但当 $t>T$ 时，需要保持状态在平衡点，所以原控制律（6-36）可修改为

$$u_{si}=\begin{cases}-F_i^TH_i\tilde{x}_{si}(t)+F_i^T\zeta_i(t) & if\ \ t\leqslant T\\ -F_i^TH_i\tilde{x}_{si}(t) & if\ \ t>T\end{cases} \tag{6-44}$$

现在考虑具有时变加速度的实际目标，标称导引律将造成较大的脱靶量。因此，应该设计鲁棒制导律来应对机动目标以便达到要求的精度，在此通过滑模方法抑制系统的扰动，所以定义如下滑模变量

$$S(\tilde{x}(t))=\tilde{x}_2(t)-\tilde{x}_2(t_0)-\int_{t_0}^t u_{sn}(\tau)\,d\tau \tag{6-45}$$

对式（6-45）求导并将式（6-32）代入其中得

$$\begin{aligned}\dot{\boldsymbol{S}} &= \tilde{\boldsymbol{f}}(\tilde{\boldsymbol{x}})+\tilde{\boldsymbol{B}}(\tilde{\boldsymbol{x}})\boldsymbol{u}+\tilde{\boldsymbol{C}}(\tilde{\boldsymbol{x}})\,\bar{\boldsymbol{d}}-\boldsymbol{u}_{sn} \\ &= \tilde{\boldsymbol{B}}(\tilde{\boldsymbol{x}})\boldsymbol{u}_d+\tilde{\boldsymbol{C}}(\tilde{\boldsymbol{x}})\bar{\boldsymbol{d}}\end{aligned} \tag{6-46}$$

相关的切换项可设计为

$$\boldsymbol{u}_d = -\tilde{\boldsymbol{B}}(\tilde{\boldsymbol{x}})^{-1}\boldsymbol{N}\bullet \mathrm{Sign}(\boldsymbol{S}) \tag{6-47}$$

式中，$\boldsymbol{N}=\mathrm{diag}\,([N_1, N_2])$。另外，假定增益满足下面不等式

$$N_1 \geqslant \left|\frac{\cos\theta_t}{r}\right| a_{zt}^M+\eta_1,\ N_2 \geqslant \left|\frac{\sin\theta_t\sin\phi_t}{r\cos\theta_L}\right| a_{zt}^M+\left|\frac{\cos\phi_t}{r\cos\theta_L}\right| a_{yt}^M+\eta_2 \tag{6-48}$$

其中$\eta_1>0$和$\eta_2>0$。

定理 6.1 考虑高速飞行器与目标相对运动系统（2-41）～（2-47）或（6-20），同时满足上述假设 6.1，则制导律（6-32）、（6-44）和（6-47）可保证视线率及视线角误差在固定时间内收敛到原点。

证明：选择如下 Lyapunov 函数

$$V=\frac{1}{2}\boldsymbol{S}^{\mathrm{T}}\boldsymbol{S} \tag{6-49}$$

对上式求导，并代入（6-32）、（6-44）和（6-47）可得

$$\begin{aligned}\dot{V} &= \boldsymbol{S}^{\mathrm{T}}\dot{\boldsymbol{S}} \\ &= \boldsymbol{S}^{\mathrm{T}}\left(\tilde{\boldsymbol{f}}(\tilde{\boldsymbol{x}})+\tilde{\boldsymbol{B}}(\tilde{\boldsymbol{x}})\boldsymbol{u}+\tilde{\boldsymbol{C}}(\tilde{\boldsymbol{x}})\bar{\boldsymbol{d}}-\boldsymbol{u}_{sn}\right) \\ &= \boldsymbol{S}^{\mathrm{T}}\left(\tilde{\boldsymbol{B}}(\tilde{\boldsymbol{x}})\boldsymbol{u}+\tilde{\boldsymbol{C}}(\tilde{\boldsymbol{x}})\bar{\boldsymbol{d}}\right) \\ &= \boldsymbol{S}^{\mathrm{T}}\left(-\boldsymbol{N}\bullet\mathrm{Sign}(\boldsymbol{S})+\tilde{\boldsymbol{C}}(\tilde{\boldsymbol{x}})\bar{\boldsymbol{d}}\right) \\ &\leqslant -|S_1|\left(N_1-\left|\frac{\cos\theta_t}{r}\right||a_{zt}|\right)-|S_2|\left(N_2-\left|\frac{\sin\theta_t\sin\phi_t}{r\cos\theta_L}\right||a_{zt}|-\left|\frac{\cos\phi_t}{r\cos\theta_L}\right||a_{yt}|\right) \\ &\leqslant -\sum\nolimits_{i=1}^{2}\eta_i|S_i| \\ &\leqslant -\sqrt{2}\min\{\eta_i\}V^{1/2}\end{aligned} \tag{6-50}$$

因此，在目标机动的情况下，制导律仍可保证系统在有限时间内到达并保持在滑模面上，此刻系统轨迹特性将由$\boldsymbol{u}_{sn}$决定。如果$\forall t\geqslant t_0, \boldsymbol{S}=0$成立，可得

$$\dot{\boldsymbol{S}} = \dot{\tilde{\boldsymbol{x}}}_2 - \boldsymbol{u}_{sn} = 0 \rightarrow \dot{\tilde{\boldsymbol{x}}}_2 = \boldsymbol{u}_{sn} \tag{6-51}$$

根据定理 6.2 可知视线角误差及其变化率在固定时间内收敛到原点。

评注 6.3　在理论上，没有限制稳定时间 T 的选择，但在末制导中视线角速率的收敛时间 T 应根据拦截目标的实际要求及制导系统中动力执行器的物理输出界限来选择。

评注 6.4　根据（6-45）可知 $\boldsymbol{S}(\tilde{\boldsymbol{x}}(0)) = \boldsymbol{0}$ 成立，即在初始时刻，系统轨迹在滑模面上。通过定理 6.1 得滑模开关控制可保证高速飞行器与目标相对运动轨迹在目标机动时仍在滑模面上。

6.4　仿真算例

6.4.1　二维有限时间制导律仿真研究

假设高速飞行器位于极坐标的原点。其中，高速飞行器与目标速度值分别为 $V_M = 500\ \text{m/s}$ 和 $V_T = 400\ \text{m/s}$，初始相对距离为 $r = 10\ \text{km}$。另外，高速飞行器与目标的初始航迹角分别为 $\gamma_M = 60°$ 和 $\gamma_T = 120°$，初始视线角为 $\lambda = 30°$。基于固定时间收敛的非奇异终端滑模方法设计的制导律参数为 $\breve{\alpha}_1 = \breve{\beta}_1 = 1.93$，$\breve{\alpha}_2 = \breve{\beta}_2 = 2.05$，$m_1 = 9$，$n_1 = 5$，$p_1 = 7$，$q_1 = 9$，$m_2 = 11$，$n_2 = 9$，$p_2 = 5$，$q_2 = 7$，$\tau = 0.1$，制导加速度的上界设定为 $a_M^* = 400\ \text{m/s}$，机动目标的加速度为 $a_T = 30\sin(\pi t / 10)\ \text{m/s}^2$。

不失一般性，选用 $\gamma_T = 0$ 作为最终期望视线角的参考线，要求高速飞行器最终以 90° 攻击角拦截目标，并且认为目标的 $\dot{a}_T$ 相对高速飞行器是未知的。图 6-1 和图 6-2 分别给出高速飞行器与目标的运动轨迹及相对距离，在目标机动的情况下，表明高速飞行器仍可调整视线角以一定碰撞角攻击目标。在设计的制导加速度作用下，以高速飞行器视线角为变量的系统状态轨迹首先收敛到滑模面上，如图 6-5 所示。随后视线角变量收敛到期望视线角，根据式（6-1）可知此刻高速飞行器相对目标的视线角跟随目标航迹角而变化，如图 6-3 所示。同时，高速飞行器的航迹角因目标的航迹角的变化而变化，如图 6-4 所示。当滑模到达滑模面后，由图 6-6 可知制导加速度迅速减小。滑模变量的稳定精度为 0.02，最终高速飞行器相对目标的脱靶量为 0.004 5 m。

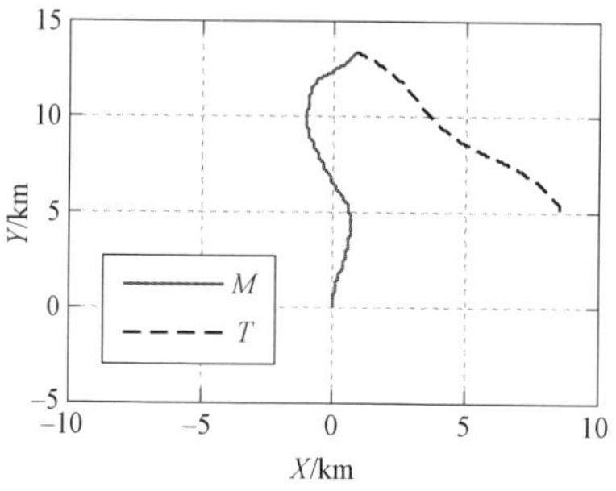

图 6-1　高速飞行器与目标运动轨迹

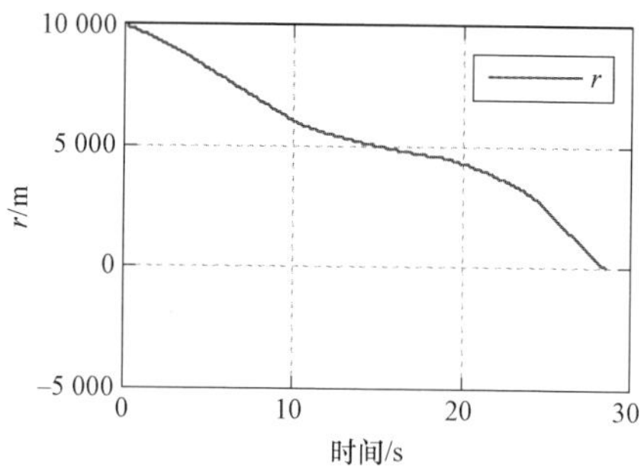

图 6-2　高速飞行器与目标相对距离

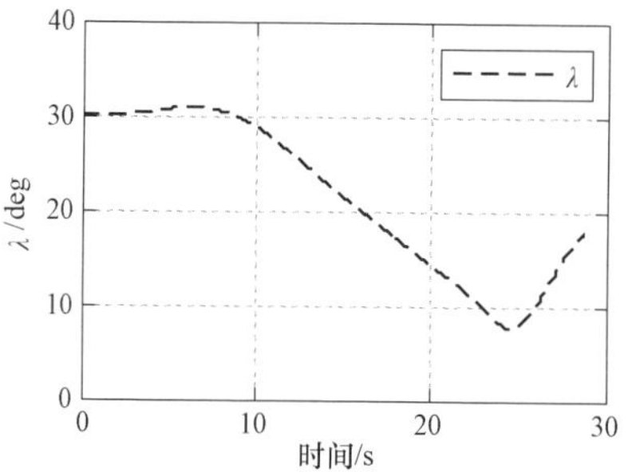

图 6-3　视线角随时间变化曲线

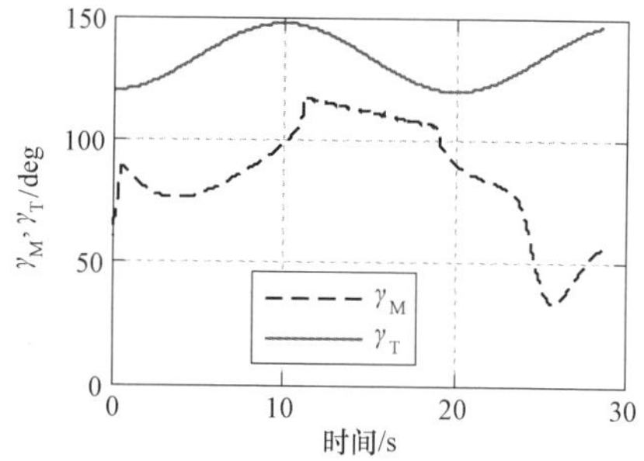

图 6-4　高速飞行器与目标的航迹角变化曲线

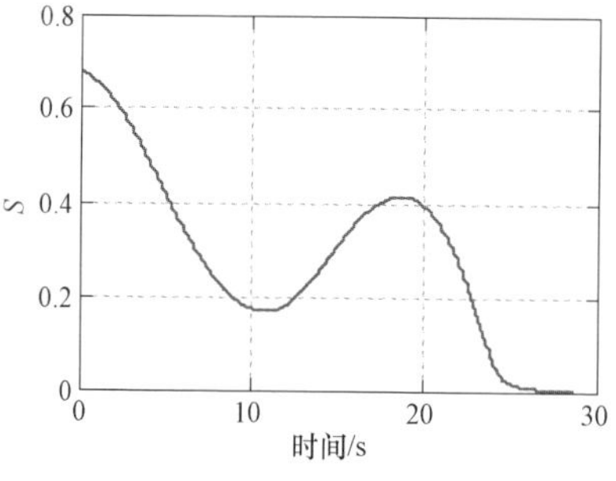

图 6-5　滑模变化曲线

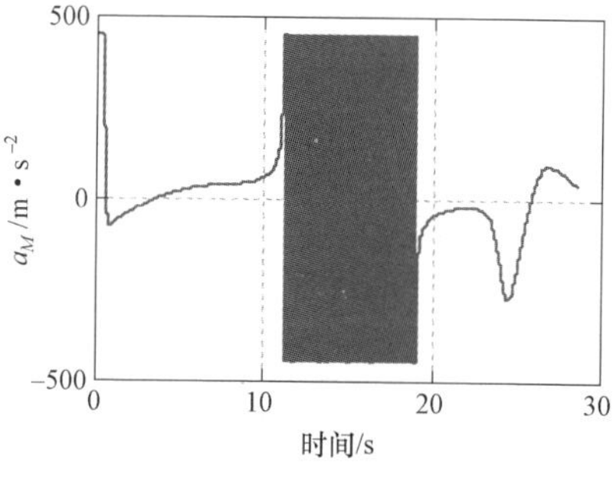

图 6-6　高速飞行器制导加速度变化

6.4.2 三维固定时间制导律的仿真研究

假设高速飞行器的初始位置在参考坐标系的原点，初始速度为 $V_M = 450\ \text{m/s}$，初始高低角与方位角分别为 $\theta_L = 60^\circ$ 和 $\phi_L = 30^\circ$，初始航迹角与偏航角为 $\theta_m = \phi_m = 5^\circ$。同时，目标的初始速度为 $V_T = 250\ \text{m/s}$，初始航迹角与偏航角分别为 $\theta_t = 20^\circ$ 与 $\phi_t = 135^\circ$，俯仰与偏航加速度分别为 $a_{yt} = 12\cos(0.4t)\ \text{m/s}^2$ 和 $a_{zt} = 10\sin(t)\ \text{m/s}^2$。此外，视线率的收敛时间设定为 $T = 4.0\ \text{s}$，高速飞行器与目标相对初始距离为 $r = 10\ \text{km}$，期望的高低角与方位角分别为 $\theta_{LD} = 65^\circ$ 和 $\phi_{LD} = 45^\circ$。其中，碰撞角指高速飞行器的速度向量在高速飞行器与目标撞击时刻相对参考坐标系的倾角，制导律（6-32）、（6-44）和（6-47）中参数 $\eta_1 = 0.43$，$\eta_2 = 0.39$ 和 $\varpi_{si} = 0.005$。

图 6-7 为高速飞行器与目标之间的相对运动轨迹，从图中可看出：在目标机动情况下，高速飞行器在起始时间段可调节自身姿态，以一定高低角及方位角朝向目标飞行并最终完成拦截。图 6-8 描述两者之间的相对距离，在起始调节姿态时间段，相对距离变化率为曲线，而后却近似为直线，说明在保证高速飞行器相对目标的期望视线角后相对速度变化很小。图 6-9 和图 6-10 分别给出了高速飞行器相对目标的视线角与视线率相对变化趋势，由两图中结果可知视线角与视线角速率在设定的时间内均收敛到原点。图 6-11 和图 6-12 所示高速飞行器与目标的航迹角与偏航角随时间变化趋势。同样，在视线角及视线率未稳定之前，高速飞行器的航迹角与偏航角大角度进行机动调整以保证对目标具有确定的视线角，而后高速飞行器的航迹角与偏航角跟随目标的机动进行改变，以固定姿态攻击目标。图 6-13 和图 6-14 分别描述了滑模变量随时间变化曲线及制导加速度变化趋势，滑模变量基本在积分滑模面滑动，符合上述理论分析；其次，制导加速度与视线角率变化趋势相似，不再赘言。

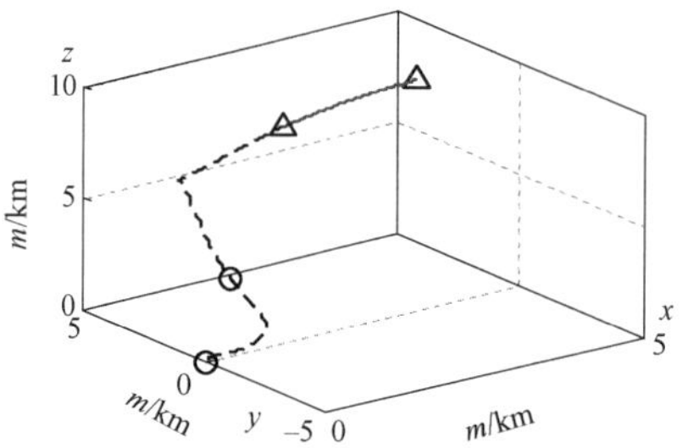

图 6-7　高速飞行器与目标运动轨迹

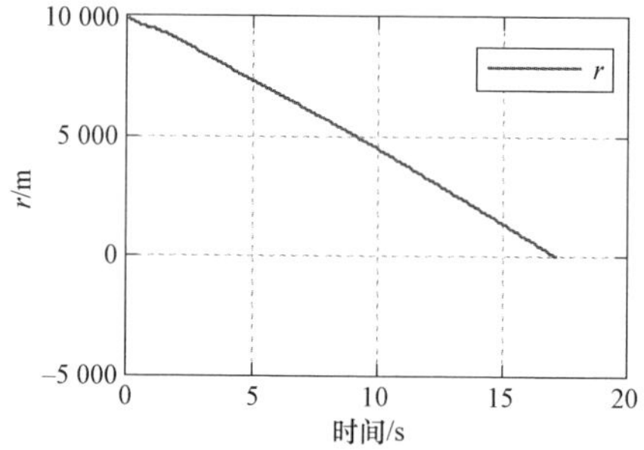

图 6-8　高速飞行器与目标相对距离

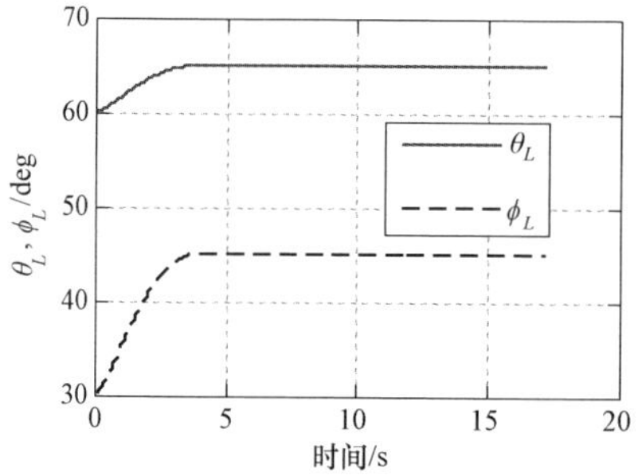

图 6-9　视线角随时间变化曲线

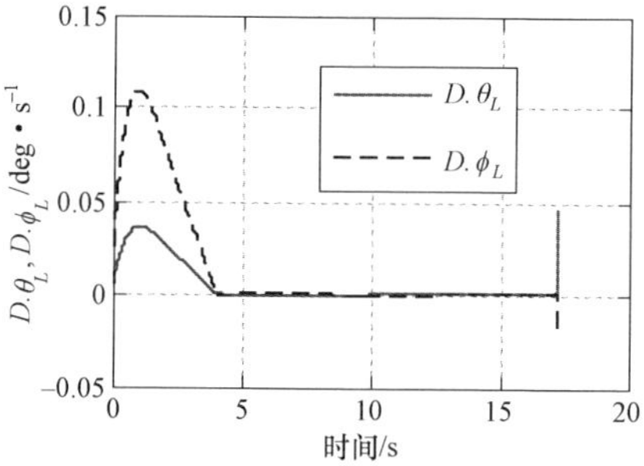

图 6-10　视线率随时间变化趋势

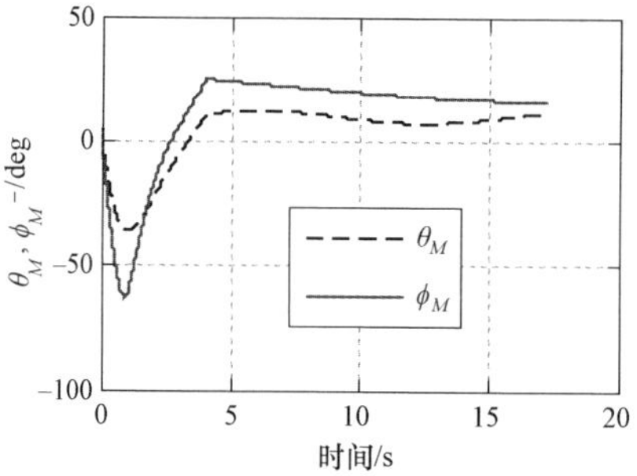

图 6-11　高速飞行器航迹角与偏航角变化曲线

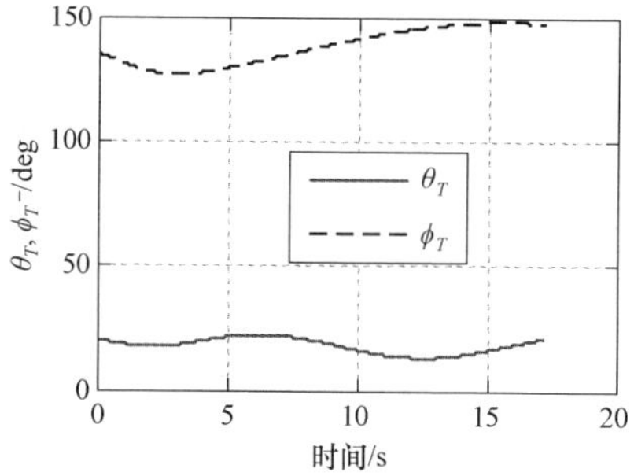

图 6-12　目标航迹角与偏航角变化趋势

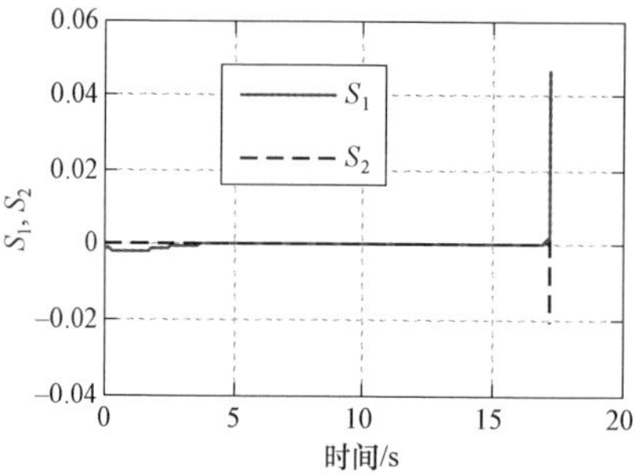

图 6-13　滑模变化曲线

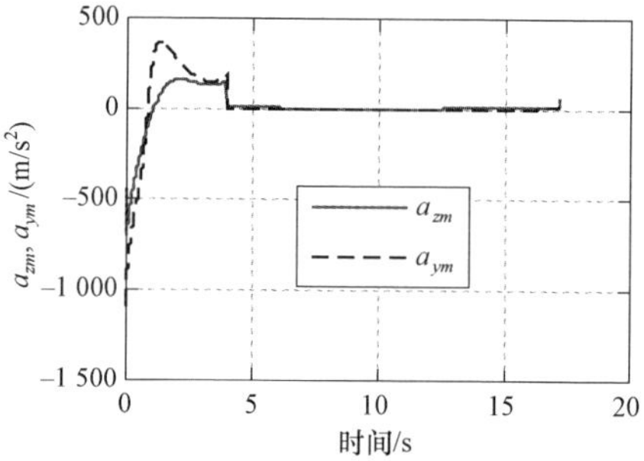

图 6-14　高速飞行器制导加速度变化趋势

在上述仿真中，验证了本研究提出的制导律可保证视线率在固定时间内收敛到原点或其附近。可根据实际需要，在高速飞行器发射之前设定期望的视线角和视线率收敛时间，不但可保证高速飞行器在目标高度机动下从目标上方、下方进行拦截，还可使高速飞行器从目标的前后、左右方位攻击目标。此外，高速飞行器攻击静止或匀速飞行目标的仿真与分析相对简单，而且与前面内容相似，所以略去。

6.5　本章小结

针对带有攻击角的制导问题，本章分别研究了平面与三维两种高速飞行器与目标相对运动模型，提出鲁棒有限时间导引律。对于常用平面交战模型，分析了对传统期望攻击角的描述，并对其进行了修改；根据新颖的固定时间稳定算法，构造了新的非线性导引算法。对于三维高速飞行器与目标追逐问题，基于较为详尽的数学模型，将其转化为类似状态空间形式；考虑期望方位角与高低角约束，选择优化与滑模方法，提出了一种鲁棒有限时间导引方法，可以保证视线角误差与其变化率在固定时间内收敛到原点。所建立的导引律可实现高速飞行器在空间以各种姿态攻击机动目标，而且具有较小的脱靶量或较好的攻击效果。

第 7 章　结论与展望

7.1　结　论

现代飞行器的姿态控制与制导是一个复杂的问题，在高速飞行器防御系统中有重要的应用，涉及多种相关学科。滑模变结构控制可保持系统对参数摄动及外部扰动具有不变性，因此在工程中得到普遍应用。该方法的缺陷是抖动现象，因此提出自适应滑模与高阶滑模算法减小常规滑模方法对系统控制性能造成的影响。本书详细分析了卫星等航天器的姿态及高速飞行器-目标交战数学模型，深入研究了以齐次性理论与滑模方法为基础的有限时间收敛的鲁棒控制算法，为飞行器的姿态控制与制导问题提供了新的解决思路。

本书的创新性成果及主要研究内容包括以下几方面。

（1）基于齐次性分离准则及几何齐次性理论，提出了有限时间控制算法，可保证积分链系统状态快速收敛到原点。基于低通滤波器与等效控制概念，建立了新的自适应高阶滑模算法，排除了前者在该算法分析中存在的问题。另外，改进了动态增益的自适应滑模算法，使得切换项的增益尽可能小，并结合标称控制算法，提出了新的自适应高阶滑模算法。两种自适应高阶滑模算法均可保证滑模变量及其各阶导数在有限时间内收敛到原点，而且能够尽可能地减小控制输入。

（2）针对飞行器的姿态控制问题，将模型的转换过程与控制方法的设计分开，便于各种非线性控制理论应用其中。这种方案有别于大多数学者的思路。其中，将刚体飞行器姿态运动学与动力学模型转化为类 Lagrange 形式，并且分析了该形式的相关特性。

（3）基于四元数姿态描述，综合运用几何齐次性理论与自适应积分滑模方法，提出了鲁棒有限时间姿态稳定算法。该方法可保证在惯性不确定与外部扰动情况下，飞行器姿态收敛到原点或含原点的邻域。此外，基于终端函数与滑模算法，建立了一种鲁棒姿态跟踪机动控制方法，可驱使姿态跟踪误差和角速度误差在有限时间内稳定到原点，收敛时间可事先设定，此优点是目前所有姿态跟踪控制方法不具备的。

（4）针对修正罗德里格参数描述的姿态数学模型，基于非奇异终端滑模、鲁棒有限时间收敛观测器和光滑二阶滑模方法，建立了一种新的姿态稳定控制算法。其中，观测器估计与补偿总不确定扰动，避免了对惯性不确定与外部扰动的先验信息要求；光滑二阶滑模方法减轻了传统滑模方法带来的抖动。该控制方法保证姿态系统状态在有限时间内收敛到原点。其次，基于几何齐次性理论、自适应增益律与边界层方法，建立了一种自适应有限时间姿态跟踪机动算法。该方法同样不需要过度估计总扰动的上界，并且有效克服了抖振现象。

（5）针对带攻击角约束的制导问题，首先对二维高速飞行器与目标追逐模型进行分析，基于新颖的固定时间收敛的非奇异终端滑模方法，设计了具有良好鲁棒性导引律。此外，仔细分析了三维对抗模型，将其转化为以视线角为变量的微分方程。根据固定时间收敛的线性优化算法与积分滑模方法，提出了一种新的鲁棒制导律，可保证视线角误差及其变化率在确定时间内收敛到原点，并且可根据实际需要事先设定稳定时间。

7.2 展　望

飞行器姿态控制与拦截制导问题是航空航天领域的重要研究内容，也是复杂且具有挑战性的课题。本书对航天器姿态数学模型和高速飞行器-目标相对运动模型进行了探讨与研究，并且在有限时间系统理论框架下，改进及提出了多种鲁棒控制算法，发展和完善了相关的理论。然而，由于个人水平及时间限制，还有一些方面尚未探讨和研究，归纳如下。

（1）在固定时间稳定理论下，考虑实际执行器模型，如喷流发动机，反作用飞轮等存在输入饱和、部分失效的情况下，在受到惯性不确定与外部扰动等影响时，研究具有故障诊断及抗饱和性能的鲁棒姿态控制方法。

（2）在本书的研究中，假设姿态角与角速度可测，从而构建全状态反馈姿态控制算法。但在实际应用中，角速度测量信息可能出现偏差或不易得到，因此联合状态估计进行控制器设计也是一个重要的研究方向。在有限时间稳定理念下，采用或构建滤波算法或观测器作为状态估计，再结合新的有限时间稳定算法建立姿态控制算法。

（3）飞行器均为智能体，多智能体协同控制也是一个重要研究领域。将多智能体一致性理论用于编队卫星的姿态协同控制中，在拓扑图时变及存在通信时滞的情况下，通过构造合理的算法保证姿态同步。针对制导问题，根据固定时间一致性原则设计多对一鲁棒导引律，保证多飞行器以一定攻击角碰撞目标。

（4）本书主要分析与研究了高速飞行器与目标交战模型，即制导回路中外环运动学模型；在高速飞行器内部还存在控制环节，即自动驾驶仪，采用分离原理设计是一种次优方法。因此，理想且符合实际情况的方案是进行制导与控制一体化设计，但考虑的因素将更多，模型也更复杂。然而，在有限或固定时间稳定意义下，进行制导与控制一体化设计仍是一个非常值得研究的方向。

参考文献

［1］鲁建华，张学润，安玮，等. 美俄弹道高速飞行器防御系统浅析［J］. 火力与指挥控制，2010，35（5）：1-5.

［2］孙连山，杨晋辉. 高速飞行器防御系统［M］. 北京：航空工业出版社，2005.

［3］金林. 弹道高速飞行器防御系统综述［J］. 现代雷达，2012，34（12）：1-7.

［4］赵锋. 弹道高速飞行器防御跟踪制导雷达探测技术研究［D］. 长沙：国防科学技术大学，2007.

［5］浦甲伦，崔乃刚，郭继峰. 天基红外预警卫星系统及其探测能力分析［J］. 现代防御技术，2008，36（8）：68-72.

［6］杨树谦. 精确制导技术发展展望［J］. 控制与制导，2000（1）：50-52.

［7］杨大明. 空间飞行器姿态控制系统［M］. 哈尔滨：哈尔滨工业大学出版社，2000：71-82.

［8］Rogers G D，Schwinger M R，Kaidy J T，et al. Autonomous star tracker performance［J］. Acta Astronautica，2009，65（1/2）：61-74.

［9］Tsiotras P. Stabilization and optimality results for the attitude control problem［J］. Journal of Guidance，Control，and Dynamics，1996，19：772-779.

［10］Wen J T Y，Kreutz D K. The attitude control problem［J］. IEEE Transactions on Automatic Control，1991，36（10）：1148-1162.

[11] Wertz J R. Spacecraft attitude determination and control[M]. Dordrecht: Kluwer Academin Publishers, 1978.

[12] Khalil H K. Nonlinear systems [M]. New York: Prentice-Hall Press, 1996.

[13] Subbarao K, Akella M R. Differentiator-free nonlinear proportional-integral controllers for rigid-body attitude stabilization [J]. Journal of Guidance, Control, and Dynamics, 2004, 27 (6): 1092-1096.

[14] Li C, Teo K L, Li B, et al. A constrained optimal PID-like controller design for spacecraft attitude stabilization [J]. Acta Astronautica, 2012, 74: 131-140.

[15] Zhang Z, Zhang Z, Zhang H. Decentralized robust attitude tracking control for spacecraft networks under unknown inertia matrices [J]. Neurocomputing, 2015, 165 (1): 202-210.

[16] Abdessameud A, Tayebi A. Attitude synchronization of a group of spacecraft without velocity measurements [J]. IEEE Transactions on Automatic Control, 2009, 54 (11): 2642-2468.

[17] 张景瑞，李俊峰. 基于 Lyapunov 方法的卫星非线性姿态控制 [J]. 清华大学学报（自然科学版），2004，44（5）：670-673.

[18] 刘金琨. 滑模变结构控制 MATLAB 仿真 [M]. 北京：清华大学出版社，2012.

[19] Thomas A W D III, Hebertt S R. Variable-structure control of spacecraft attitude maneuvers [J]. Journal of Guidance, Control, and Dynamics, 1988, 11 (3): 262-270.

[20] Lo S C, Chen Y P. Smooth sliding-mode control for spacecraft attitude tracking maneuvers [J]. Journal of Guidance, Control, and Dynamics,

1995，18（6）：1345-1349.

［21］Wu B，Wang D，Poh E K. Decentralized sliding-mode control for spacecraft attitude synchronization under actuator failures［J］. Acta Astronautica，2014，105（1），333-342.

［22］Lu K，Xia Y，Zhu Z，et al. Sliding mode attitude tracking of rigid spacecraft with disturbances［J］. Journal of the Franklin Institute，2012，349（2），413-440.

［23］Yeh F K. Sliding-mode adaptive attitude controller design for spacecrafts with thrusters［J］. IET Control Theory & Applications，2010，4（7）：1254-1264.

［24］Zhu Z，Xia Y，Fu M. Adaptive sliding mode control for attitude stabilization with actuator saturation［J］. IEEE Transactions on Industrial Electronics，2011，58（10）：4898-4907.

［25］Shen Q，Wang D，Zhu S，Poh EK. Integral-type sliding mode fault-tolerant control for attitude stabilization of spacecraft［J］. IEEE Transactions on Control Systems Technology，2015，23（3）：1131-1138.

［26］Xiao B，Hu Q，Zhang Y. Adaptive sliding mode fault tolerant attitude tracking control for flexible spacecraft under actuator saturation［J］. IEEE Transactions on Control Systems Technology，2012，20（6）：1605-1612.

［27］Hu Q. Robust adaptive sliding-mode fault-tolerant control with L_2-gain performance for flexible spacecraft using redundant reaction wheels［J］. IET Control Theory & Applications，2010，4（6）：1055-1070.

［28］梅生伟，申铁龙，刘康志. 现代鲁棒控制理论与应用［M］. 北京：清华大学出版社，2003.

［29］Nam M R，Hashimoto T，Ninomiya K. Design of H_∞ attitude controllers for spacecraft using a magnetically suspended momentum wheel [J]. European Journal of Control，1997，3（2）：114-124.

[30] Chen B S，Wu C S，Jan Y W. Adaptive fuzzy mixed H_2/H_∞ attitude control of spacecraft [J]. IEEE Transactions on Aerospace and Electronic Systems，2000，36（4）：1343-1359.

[31] Show L L，Juang J C，Jan Y W. An LMI-based nonlinear attitude control approach [J]. IEEE Transactions on Control Systems Technology，2003，11（1）：73-83.

[32] Luo W，Chu Y C，Ling K V. H_∞ inverse optimal attitude-tracking control of rigid spacecraft [J]. Journal of Guidance，Control，and Dynamics，2005，28（3）：481-494.

[33] Hu Q. Robust adaptive backstepping attitude and vibration control with L_2-gain performance for flexible spacecraft under angular velocity constraint [J]. Journal of Sound and Vibration，2009，327（3-5）：285-298.

[34] Han C，Guo J，Pechev A. Nonlinear H_∞ based underactuated attitude control for small satellites with two reaction wheels [J]. Acta Astronautica，2014，104（1）：159-172.

[35] Xu Y，Liao H，Liu L，et al. Modeling and robust H-infinite control of a novel non-contact ultra-quiet Stewart spacecraft [J]. Acta Astronautica，2015，107：274-289.

[36] 韩正之. 自适应控制 [M]. 北京：清华大学出版社，2014.

[37] Egeland O，Godhavn J M. Passivity-based adaptive attitude control of a rigid spacecraft [J]. IEEE Transactions on Automatic Control，1994，39（4）：842-846.

[38] Wong H，Queiroz M S，Kapila V. Adaptive tracking control using

synthesized velocity from attitude measurements [J]. Automatica，2001，37（6）：947-953.

[39] Chen Z，Huang J. Attitude tracking and disturbance rejection of rigid spacecraft by adaptive control [J]. IEEE Transactions on Automatic Control，2009，54（3）：600-605.

[40] Liu Y，Zhang T，Song J，et al. Adaptive spacecraft attitude tracking controller design based on similar skew-symmetric structure [J]. Chinese Journal of Aeronautics，2010，23（2）：227-234.

[41] Lee K W，Singh S N. L_1 adaptive control of flexible spacecraft despite disturbances [J]. Acta Astronautica，2012，80：24-35.

[42] Cong B，Chen Z，Liu X. Disturbance observer-based adaptive integral sliding mode control for rigid spacecraft attitude maneuvers [J]. Proceedings of the Institution of Mechanical Engineers, Part G: Journal of Aerospace Engineering，2013，227（10）：1660-1671.

[43] Thakur D，Srikant S，Akella M R. Adaptive attitude-tracking control of spacecraft with uncertain time-varying inertia papameters [J]. Journal of Guidance，Control，and Dynamics，2015，38（1）：41-52.

[44] Zhang K，Demetriou M A. Adaptation and optimization of the synchronization gains in the adaptive spacecraft attitude synchronization [J]. Aerospace Science and Technology，2015，46：116-123.

[45] Wu B，Cao X，Xing L. Robust adaptive control for attitude tracking of spacecraft with unknown dead-zone [J]. Aerospace Science and Technology，2015，45：196-202.

[46] 易继锴. 智能控制技术 [M]. 北京：北京工业大学出版社：2007.

[47] Leeghim H，Choi Y，Bang H. Adaptive attitude control of spacecraft

using neural networks [J]. Acta Astronautica，2009，64 (7-8)：778-786.

[48] Zou A M，Kumar K D. Adaptive attitude control of spacecraft without velocity measurements using Chebyshev neural network [J]. Acta Astronautica，2010，66 (5-6)：769-779.

[49] Zou A M，Kumar K D，Hou Z G. Quaternion-based adaptive output feedback attitude control of spacecraft using Chebyshev Neural Networks [J]. IEEE Transactions on Neural Networks，2010，21 (9)：1457-1471.

[50] Zou A M，Kumar K D. Adaptive fuzzy fault-tolerant attitude control of spacecraft [J]. Control Engineering Practice，2011，19 (1)：10-21.

[51] Bae J，Kim Y. Adaptive controller design for spacecraft formation flying using sliding mode controller and neural networks [J]. Journal of the Franklin Institute，2012，349 (2)：578-603.

[52] Zeng W，Wang Q. Learning from adaptive neural network control of an underactuated rigid spacecraft [J]. Neurocomputing，2015，168 (30)：690-697.

[53] Bharadwaj S，Qsipchuk M，Mease K D，et al. Geometry and inverse optimality in global attitude stabilization [J]. Journal of Guidance，Control and Dyanmics，1998，21 (6)：930-939.

[54] Krstic M，Tsiotras P. Inverse optimal stabilization of a rigid spacecraft [J]. IEEE Transactions on Automatic Control，1999，44 (5)：1042-1049.

[55] Luo W，Chu Y C，Ling K V. Inverse optimal adpative control for attitude tracking of spacecraft [J]. IEEE Transactions on Automatic Control，2005，50 (11)：1639-1654.

[56] Hegrenas O，Gravdahl J T，Tondel P. Spacecraft attitude control using explicit model predictive control [J]. Automatica，2005，41 (12)：

2107-2114.

［57］Mayhew C G，Sanfelice R G，Teel A R. Quaternion-based Hybrid control for robust global attitude tracking［J］. IEEE Transactions on Automatic Control，2011，56（11）：2555-2566.

［58］Gui H，Jin L，Xu S. Small-time local controllability of spacecraft attitude using control moment gyros［J］. Automatica，2015，53：141-148.

［59］Jin E，Sun Z. Robust controllers design with finite time convergence for rigid spacecraft attitude tracking control［J］. Aerospace Science and Technology，2008，12（4）：324-330.

［60］Li S，Wang Z，Fei S. Comments on the paper：Robust controllers design with finite time convergence for rigid spacecraft attitude tracking control［J］. Aerospace Science and Technology，2011，15（3）：193-195.

［61］Wu S，Radice G，Gao Y，et al. Quaternion-based finite time control for spacecraft attitude tracking［J］. Acta Astronautica，2011，69（1-2）：48-58.

［62］Zou A M，Kumar K D，Hou Z G，et al. Finite-time attitude tracking control for spacecraft using terminal sliding mode and Chebyshev Neural Network［J］. IEEE Transactions on Systems，Man，and Cybernetics-Part B：Cybernetics，2011，41（4）：950-963.

［63］Lu K，Xia Y. Adaptive attitude tracking control for rigid spacecraft with finite-time convergence［J］. Automatica，2013，49（12）：3591-3599.

［64］Lu K，Xia Y. Finite-time attitude stabilization for rigid spacecraft［J］. International Journal of Robust and Nonlinear Control，2015，25（1）：32-51.

［65］Song Z，Li H，Sun K. Finite-time control for nonlinear spacecraft attitude based on terminal sliding mode technique [J]. ISA Transactions，2014，53（1）：117-124.

[66] Huo X，Hu Q，Xiao B. Finite-time fault tolerant attitude stabilization control for rigid spacecraft[J]. ISA Transactions，2014，53（2）：241-250.

[67] Hu Q，Jiang B. Robust saturated finite time output feedback attitude stabilization for rigid spacecraft [J]. Journal of Guidance，Control，and Dynamics，2014，37（6）：1914-1929.

[68] Zhou N，Xia Y. Finite-time attitude control of multiple rigid spacecraft using terminal sliding mode [J]. International Journal of Robust and Nonlinear Control，2015，25（12）：1862-1876.

[69] Li S，Du H，Shi P. Distributed attitude control for multiple spacecraft with communication delays [J]. IEEE Transactions on Aerospace and Electronic Systems，2014，50（3）：1765-1773.

[70] Xiao B，Hu Q. Reaction wheel fault compensation and disturbance rejection for spacecraft attitude tracking [J]. Journal of Guidance，Control，and Dynamics，2013，36（6）：1565-1575.

[71] Xiao B，Hu Q. Fault-tolerant tracking control of spacecraft with attitude-only measurement under actuator failures [J]. Journal of Guidance，Control，and Dynamics，2014，37（3）：838-849.

[72] Pukdeboon C，Kumam P. Robust optimal sliding mode control for spacecraft position and attitude maneuvers [J]. Aerospace Science and Technology，2015，43：329-342.

[73] Tiwari P M，Janardhanan S，Nabi M. Rigid spacecraft attitude control using adaptive integral second order sliding mode [J]. Aerospace Science and Technology，2015，42：50-57.

［74］Pukdeboon C，Zinober A S I，Thein M W L. Quasi-continuous higher order sliding-mode controllers for spacecraft-attitude-tracking maneuvers［J］. IEEE Transactions on Industrial Electronics，2010，57（4）：1436-1444.

［75］Ma K. Comments on “Quasi-continuous higher order sliding-mode controllers for spacecraft-attitude-tracking maneuvers”［J］. IEEE Transactions on Industrial Electronics，2013，60（7）：2771-2773.

［76］Du H，Li S. Finite-time attitude stabilization for a spacecraft using homogeneous method［J］. Journal of Guidance，Control，and Dynamics，2012，35（3）：740-748.

［77］Du H，Li S，Qian C. Finite-time attitude tracking control of spacecraft with application to attitude synchronization［J］. IEEE Transactions on Automatic Control，2011，56（11）：2711-2717.

［78］Zou A M. Finite-time output feedback attitude tracking control for rigid spacecraft［J］. IEEE Transactions on Control Systems Technology，2014，22（1）：338-345.

［79］Hu Q，Jiang B，Friswell M I. Robust saturated finite time output feedback attitude stabilization for rigid spacecraft［J］. Journal of Guidance，Control，and Dynamics，2014，37（6）：1914-1929.

［80］刘兴堂. 高速飞行器制导控制系统分析、设计与仿真［M］. 西安：西北工业大学出版社，2006.

［81］孙胜，张华明，周获. 末端导引律综述［J］. 航天控制，2012，30（1）：86-96.

［82］Adler F P. Missile guidance by three-dimensional proportional navigation［J］. Journal of Applied Physics，1956，27：500-507.

[83] Becker K. Closed form solution of pure proportional navigation [J]. IEEE Transactions on Aerospace and Electronic Systems，1990，26（3）：526-533.

[84] Guelman M. Proportional navigation with a maneuvering target [J]. IEEE Transactions on Aerospace and Electronic Systems，1972，AES-8（3）：364-371.

[85] Ha I J，Hur J S，Ko M S，et al. Performance analysis of PNG laws for randomly maneuvering targets [J]. IEEE Transactions on Aerospace and Electronic Systems，1990，26（5）：713-721.

[86] Song S H，Ha I J. A Lyapunov-like approach to performance analysis of 3-Dimensional pure PNG laws [J]. IEEE Transactions on Aerospace and Electronic Systems，1994，30（1）：238-248.

[87] Oh J H，Ha I J. Capturability of the 3-dimensional pure PNG laws [J]. IEEE Transactions on Aerospace and Electronic Systems，1999，35（2）：491-503.

[88] Guelman M. The closed form solution of true proportional navigation [J]. IEEE Transactions on Aerospace and Electronic Systems，1976，AES-12（4）：472-482.

[89] Yang C D，Yeh F B，Chen J H. The closed form solution of generalized proportional navigation [J]. Journal of Guidance，Control，and Dynamics，1987，10（2）：216-218.

[90] Yang C D，Yeh F B，Chen J H. Generalized guidance law of homing missiles [J]. IEEE Transactions on Aerospace and Electronic Systems，1989，25（2）：197-211.

[91] Corchran J J E，No T S，Thaxton D G. Analytical solutions to a guidance

problem [J]. Journal of Guidance, Control, and Dynamics, 1991, 14 (1): 117-122.

[92] Yuan P J, Chern J S. Ideal proportional navigation [J]. Journal of Guidance, Control, and Dynamics, 1992, 15 (4): 1161-1165.

[93] Kim M, Grider K V. Terminal guidance for impact attitude angle constrained flight trajectories [J]. IEEE Transactions on Aerospace and Electronic Systems, 1973, 9 (5): 852-859.

[94] Guelman M, Shinar J. Optimal guidance law in the plane [J]. Journal of Guidance, Control, and Dynamics, 1984, 7 (4): 471-476.

[95] Yang C D, Yang C C. Optimal pure proportional navigation for maneuvering targets [J]. IEEE Transactions on Aerospace and Electronic Systems, 1997, 33 (3): 949-957.

[96] Lee Y I, Kim S H, Tank M J. Optimality of linear time-varying guidance for impact angle control [J]. IEEE Transactions on Aerospace and Electronic Systems, 2012, 48 (3): 2802-2817.

[97] Cho H, Ryoo C K, Tsourdos A, et al. Optimal impact angle control guidance law based on linearization about collision triangle [J]. Journal of Guidance, Control, and Dynamics, 2014, 37 (3): 958-964.

[98] Leitmann G. Guaranteed avoidance strategies [J]. Journal of Optimization Theory and Application. 1980, 32 (3): 569-576.

[99] Oshman Y, Rad D A. Differential-game-based guidance law using target orientation observations [J]. IEEE Transactions on Aerospace and Electronic Systems, 2006, 42 (1): 316-326.

[100] Zhang P, Fang Y W, Zhang F M, et al. An adaptive weighted differential

game guidance law [J]. Chinese Journal of Aeronautics, 2012, 25(5): 739-746.

[101] Bardhan R, Ghose D. Nonlinear differential games-based impact-angle-constrained guidance law [J]. Journal of Guidance, Control, and Dynamics, 2015, 38(3): 384-402.

[102] Yang C D, Chen H Y. Nonlinear H_∞ robust guidance law for homing missiles [J]. Journal of Guidance, Control, and Dynamics, 1998, 21(6): 882-890.

[103] Shieh C S. Design of three-dimensional missile guidance law via tunable nonlinear H_∞ control with saturation constraint [J]. IET Control Theory & Applications, 2007, 1(3): 756-763.

[104] Liao F, Ji H, Xie Y. A novel three-dimensional guidance law implementation using only line-of-sight azimuths [J]. International Journal of Robust and Nonlinear Control, 2015, 25(18): 3679-3697.

[105] Lin C M. Fuzzy-logic-based CLOS guidance law design [J]. IEEE Transactions on Aerospace and Electronic Systems, 2001, 37(2): 719-727.

[106] Lin C M, Hsu C F, Mon Y J. Self-organizing fuzzy learning CLOS guidance law design [J]. IEEE Transactions on Aerospace and Electronic Systems, 2003, 39(4): 1144-1151.

[107] Lin C L, Hung H Z, Chen Y Y, et al. Development of an integrated fuzzy-logic-based missile guidance law against high speed target [J]. IEEE Transactions on Fuzzy Systems, 2004, 12(2): 157-169.

[108] Li Q, Zhang W, Han G, et al. Adaptive neuro-fuzzy sliding mode control guidance law with impact angle constraint [J]. IET Control

Theory & Applications，2015，9（14）：2115-2123.

[109] Shafiei M H，Binazadeh T. Partial stabilization-based guidance[J]. ISA Transactions，2012，51（1）：141-145.

[110] Shafiei M H，Binazadeh T. Application of partial sliding mode in guidance problem [J]. ISA Transactions，2013，52（2）：192-197.

[111] Zhou D，Mu C，Xu W. Adaptive sliding-mode guidance of a homing missile [J]. Journal of Guidance，Control，and Dynamics，1999，22（4）：589-594.

[112] Ge L，Shen Y，Gao Y，et al. Head pursuit variable structure guidance law for three-dimensional space interception [J]. Chinese Journal of Aeronautics，2008，21（3）：247-251.

[113] Kumar S R，Rao S，Ghose D. Sliding-mode guidance and control for all-interceptors with terminal angle constraints [J]. Journal of Guidance，Control，and Dynamics，2012，35（4）：1230-1246.

[114] Shtessel Y B，Shkolnikov I A，Levant A. Guidance and control of missile interceptor using second-order sliding modes [J]. IEEE Transactions on Aerospace and Electronic Systems，2009，45（1）：110-124.

[115] Shtessel Y，Shkolnikov I，Levant A. Smooth second-order sliding mode：missile guidance application [J]. Automatica，2007，43（8）：1470-1476.

[116] Zhang Y，Sun M，Chen Z. Finite-time convergent guidance law with impact angle constraint based on sliding-mode control [J]. Nonlinear Dynamics，2012，70（1）：619-625.

[117] Zhou D，Sun S，Teo K L. Guidance laws with finite time control

［J］. Journal of Guidance, Control, and Dynamics, 2009, 32（6）: 1838-1846.

［118］Sun S, Zhou D, Hou W. A guidance law with finite time convergence accounting for autopilot lag［J］. Aerospace Science and Technology, 2013, 25（1）: 132-137.

［119］Kumar S R, Rao S, Ghose D. Nonsingular terminal sliding mode guidance with impact angle constraints［J］. Journal of Guidance, Control, and Dynamics, 2014, 37（4）: 1114-1130.

［120］Wang W, Xiong S, Liu X, et al. Adaptive nonsingular terminal sliding mode guidance law against maneuvering targets with impact angle constraint［J］. Proceeding of the Institution of Mechanical Engineering, Part G: Journal of Aerospace Engineering, 2015, 229（5）: 867-890.

［121］Shuster M D. A survey of attitude representation［J］. The Journal of Astronautical Sciences, 1993, 41（4）: 439-517.

［122］Lefferts E J, Markley F L. Kalman filtering for spacecraft attitude estimation［J］. Journal of Guidance, Control and Dynamics, 1982, 5（5）: 417-429.

［123］Utkin V. Sliding mode in Control and Optimation［M］. Berlin: Springer-Verlag, 1992.

［124］高为炳. 变结构控制的理论及设计方法［M］. 北京：科学出版社，1996.

［125］洪奕光，程代展. 非线性系统的分析与控制［M］. 北京：科学出版社，2005.

［126］Bhat S P, Bernstein D S. Finite-time stability of continuous autonomous systems［J］. SIAM Journal on Control and Optimization, 2000, 38（4）:

751-766.

[127] Yu S，Yu X，Shirinzadeh B，et al. Continuous finite-time control for robotic manipulators with terminal sliding mode[J]. Automatica，2005，41（11）：1957-1964.

[128] Bhat S P，Bernstein D S. Finite-time stability of homogeneous systems [C]. American Control Conference，New Mexico，USA，1997，2513-2514.

[129] Bhat S P，Bernstein D S. Geometric homogeneity with application to finite-time stability [J]. Mathematics of Control，Signals and Systems，2005，17（2）：101-127.

[130] Hong Y，Huang J，Xu Y. On an output feedback finite-time stabilization problem [J]. IEEE Transactions on Automatic Control，2001，46（2）：305-309.

[131] Slotine J J，Sastry S S. Tracking control of nonlinear systems using sliding surfaces with application to robot manipulator [J]. International Journal of Control，1983，38（2）：465-492.

[132] Chung S C Y，Lin C L. A transformed lure problem for sliding mode control and chattering reduction [J]. IEEE Transactions on Automatic Control，1999，44（3）：563-568.

[133] Lee H，Utkin V I. Chattering suppression methods in sliding mode control systems[J]. Annual Reviews in Control，2007，31（2）：179-188.

[134] Huang Y J，Kuo T C，Chang S H. Adaptive sliding-mode control for nonlinear systems with uncertain parameters [J]. IEEE Transactions on Systems，Man，and Cybernetics- Part B：Cybernetics，2008，38（2）：534-539.

[135] Plestan F，Shtessel Y，Brégeault V，et al. New methodologies for adaptive sliding mode control [J]. International Journal of Control，2010，83（9）：1907-1919.

[136] Li P，Zheng Z Q. Robust adaptive second-order sliding-mode control with fast transient performance [J]. IET Control Theory & Applications，2012，6（2）：305-312.

[137] Shtessel Y，Taleb M，Plestan F. A novel adaptive-gain supertwisting sliding mode controller：Methodology and application [J]. Automatica，2012，48（5）：759-769.

[138] Utkin V I，Poznyak A S. Adaptive sliding mode control with application to super-twist algorithm：Equivalent control method [J]. Automatica，2013，49（1）：39-47.

[139] Levant A. Universal SISO sliding-mode controllers with finite-time convergence [J]. IEEE Transactions on Automatic Control，2001，46（9）：1447-1451.

[140] Levant A. Higher order sliding modes，differentiation and output-feedback control [J]. International Journal of Control，2003，76（9/10）：924-941.

[141] Levant A. Quasi-continuous high-order sliding-mode controllers [J]. IEEE Transactions on Automatic Control，2005，50（11）：1812-1816.

[142] Lagrange S，Plestan F，Glumineau A. Higher order sliding mode control based on integral sliding mode [J]. Automatica，2007，43（3）：531-537.

[143] Plestan F，Glumineau A，Laghrouche S. A new algorithm for high-order sliding mode control [J]. International Journal of Robust and Nonlinear Control，2008，18（4/5）：441-453.

[144] Defoort M，Floquet T，Kokosy A，et al. A novel higher order sliding

mode control scheme［J］. Systems & Control Letters，2009，58（2）：102-108.

［145］李鹏. 传统和高阶滑模控制研究及其应用［D］. 长沙：国防科技大学，2012.

［146］Zuo Z. Nonsingular fixed-time consensus tracking for second-order multi-agent networks［J］. Automatica，2015，54：305-309.

［147］Rekasium Z V. An alternate approach to the fixed terminal point regulator problem［J］. IEEE Transactions on Automatic Control，1964，9（3）：290-292.